高等学校电子与通信工程类专业系列教材
电子信息实验及创新实践系列教材

电路分析基础实验设计 与应用教程

主 编 李晓冬
副主编 张 明 姜玉亭 李淑明
严 俊 唐 甜 孟德明

西安电子科技大学出版社

内 容 简 介

本书结合虚拟仿真和工程应用，将仪器设备的使用、仿真技术的应用、实验技能的训练贯穿始终。本书中的每个实验均给出实验原理、仿真分析和工程应用。

本书的内容分 5 章：第 1 章为基础知识，主要是对实验的基本要求、电学基础知识、实验操作方法、实验数据处理方法进行介绍，为顺利实施实验做好准备；第 2 章为仪器知识，着重介绍了数字信号源、数字存储示波器、数字万用表等仪器的使用方法；第 3 章为元器件知识；第 4 章为基础实验，该章是全书的核心，包括实物实验、虚拟实验、工程应用举例，通过将理论与实践有机融合来验证和巩固学生所学内容，引导学生建立工程技术思维；第 5 章为电子设计、仿真和制作，通过实际的例子向学生展示如何进行实际的电子制作，并给出了一些参考题目，供学生自己动手操作。

本书可作为大学电子信息、通信工程、电气控制、自动化类专业本科生电子技术实验的教材，也可作为电子技术专业人员的参考书。

图书在版编目(CIP)数据

电路分析基础实验设计与应用教程/李晓冬主编. —西安：
西安电子科技大学出版社，2016.9(2021.1重印)
ISBN 978 - 7 - 5606 - 4219 - 2

Ⅰ. ① 电… Ⅱ. ① 李… Ⅲ. ① 电路分析－高等学校－教材 Ⅳ. ① TM133

中国版本图书馆 CIP 数据核字(2016)第 233770 号

策划编辑　邵汉平
责任编辑　邵汉平　王　静
出版发行　西安电子科技大学出版社(西安市太白南路 2 号)
电　　话　(029)88242885　88201467　　邮　　编　710071
网　　址　www.xduph.com　　　　　　电子信箱　xdupfxb001@163.com
经　　销　新华书店
印刷单位　陕西天意印务有限责任公司
版　　次　2016 年 9 月第 1 版　　2021 年 1 月第 3 次印刷
开　　本　787 毫米×1092 毫米　1/16　印 张 10.75
字　　数　248 千字
印　　数　6001~8000 册
定　　价　25.00 元
ISBN 978 - 7 - 5606 - 4219 - 2/TM

XDUP　4511001－3

前　言

"电路分析基础"是工科电类专业的重要基础课程。该课程实践性强，相关理论、定理与工程实践联系紧密。为了真正体现学习的目的——学以致用，本书将基础的电路分析理论及实验与实际应用结合起来，引入最新的仪器和元件知识，通过虚拟实验以及验证性、综合性、设计性和研究性等多层次实验来提高学生的动手能力。

本书的内容分 5 章：第 1 章为基础知识，主要是对实验的基本要求、电学基础知识、实验操作方法、实验数据处理方法进行介绍，为顺利实施实验做好准备；第 2 章为仪器知识，着重介绍数字信号发生器、数字存储示波器、数字万用表等仪器的使用方法；第 3 章为元器件知识；第 4 章为基础实验，该章是全书的核心，包括实物实验、虚拟实验、工程应用举例，通过将理论与实践有机融合来验证和巩固学生所学内容，引导学生建立工程技术思维；第 5 章为电子设计、仿真和制作，通过实际的例子向学生展示如何进行实际的电子制作，并给出了一些参考题目，供学生自己动手操作。

本书实验内容包括必做和选做两部分，实验的层次分为验证性、设计性和综合性、研究性三个层次。建议实验开设内容如下：

实　验	实验开设内容
仪器使用	常用仪器使用（一） 常用仪器使用（二）
元件实验*	基本元件的识别与测量 对仪器使用进行简单考核
直流电路	基尔霍夫定律、叠加定理 戴维南定理和诺顿定理
动态电路	一阶 RC 电路的阶跃响应
正弦电路	电感、电容的交流阻抗的测量
谐振电路	串联 RLC 谐振电路 并联 RLC 谐振电路

其中，标"＊"的实验为考核部分，主要是针对学生的仪器使用设置的，教师可以根据实际情况穿插在实验中；其他实验都属于学生选做部分，教师可以根据专业、学生能力等灵活调整。

本书由桂林电子科技大学李晓冬任主编，张明、姜玉亭、李淑明、严俊、唐甜、孟德明任副主编。本书的编写得到了蔡春晓、黄品高等老师及有关仪器设备厂家的大力支持，在这里向他们表示感谢。

由于编者水平有限，书中定有不足之处，恳请读者指正。

编　者

2016 年 3 月

于桂林电子科技大学

目　录

第1章 基础知识

本章主要对电路基础实验中涉及的一些基础知识进行简单介绍，这些知识在实验过程中经常用到。

1.1 实验基本要求

电路基础实验是电子电路专业基础课的入门课程之一，该课程以应用理论为基础，专业技术为指导，是一门实践操作性很强的课程。通过该课程的学习，实验者可以熟悉常用仪器、仪表的使用方法；了解电子元器件的参数及其选择方法；掌握实验的基本操作技能以及正确处理实验数据、分析实验结果和误差的方法；了解电子制作和仿真的工作流程，从而提高实验者分析、解决问题的能力，培养实验者实事求是的科学作风以及独立思考、勇于创新的能力。

1.1.1 本课程的学习方法及要求

基于本课程在电子电路领域中的特殊性及重要性，要学好这门实验课程，必须注意以下几点。

1. 端正学习态度，明确实验目的

实验者不仅要理解开设实验课程的意义，而且对每一个实验的目的、意义都要有充分的认识，做到有的放矢。因此在实验课程的学习过程中，实验者应发挥主观能动性，多观察、多思考、多动手，不能敷衍了事、投机取巧。

建议在实验之前问自己这样几个问题，并将其答案列出：

（1）本次实验要做什么？

（2）本次实验要怎么做？

（3）实验完成后的效果是怎样的？

2. 掌握正确的学习方法

电路基础实验一般分为三个环节：课前预习、课堂实验、课后总结。

（1）课前预习。实验能否顺利进行并收到预期的效果，在很大程度上，取决于预习准备是否充分。因此，在实验课之前必须要弄清实验内容、实验目的、实验方法、实验要求及注意事项。根据实验要求进一步制订出实验方案、实验步骤、测量数据的记录格式，还应通过理论分析、仿真，对实验过程中的现象及结果做到心中有数。

实验者只有认真做好课前预习并完成实验预习报告，才能进实验室进行实验，预习不合格者，不得进行实验。

（2）课堂实验。课堂操作就是将预定的实验方案付诸实施的过程。在此过程中，不仅要完成实验任务，而且最重要的是能锻炼实践动手能力，并养成良好的工作习惯，同时积累实践经验，为将来的电路设计奠定基础。因此在该过程中，要做到勤思考、勤动手、勤观察，要善于发现问题、思考问题并解决问题，并对实验中的原始测量数据及出现的问题做详细的记录。

（3）课后总结。这个环节就是要对实验结果进行理论分析，并通过与理论值进行比较，分析两者的差异，找出原因，得出结论。具体工作是明确实验目的，掌握巩固实验方法，对原始测量数据进行整理，对实验结果进行分析，对实验方法进行归纳改进并找出实验成功或失败的原因，对实验过程中遇到的困难及问题进行思考和总结，最后，把实验总结所得结果用实验报告的形式反馈给教师。

3. 严格遵守安全操作规程

在实验过程中，为了杜绝人身事故的发生，防止仪器设备的损坏，应严格按照以下规程进行操作：

（1）应检查电路、仪器连接正确无误后，方可开启电源通电；在电路通电的情况下，实验者不准擅离实验台；线路连接好后，多余或暂时不用的导线都要拿开，以避免造成不必要的短路。

（2）要清楚仪器设备的型号、规格，特别要注意它们的量程或额定值，并熟悉其接线和使用的方法；不可随意搬动仪器。

（3）实验时，若发现电子元器件有异常现象，例如过热、异味、冒烟等，应立即断开电源。

（4）严禁带电改、接线路或带电更换仪器量程；线路通电时，身体不可触及线路中带电的裸露部位。

（5）谨防电容器极间放电放炮事件发生。电容通电时，人与电容最好保持一定距离，尤其对容值较大的电容，因电容极性接反或耐压等级不够被击穿时，易发生放炮伤人事件；也不要随便去摸没有与电源接通和空放着的高电压大电容的两端，防止带电电容通过人体放电。

1.1.2　实验报告的要求

电路基础实验可以分为验证性实验和设计性实验。验证性实验是指实验者已具有与实验相关的理论知识和经验，在实验过程中通过观察和操作，验证并巩固习得知识，同时培养实验技能的实验方式；设计性实验则是指给定实验目的要求和实验条件，由实验者自行设计实验方案并加以实现的实验，其目的在于激发实验者学习的主动性和创新意识，培养实验者独立思考、综合运用知识和文献、提出问题和解决复杂问题的能力。实验的性质不同，对实验报告的要求也不尽相同。

一、验证性实验

1. 实验预习报告内容

实验预习报告必须有以下内容：

（1）实验名称。

（2）实验目的。明确通过该实验要达到什么目的，要验证什么理论，需要通过测量什么参数来验证该理论。

（3）实验原理。仔细阅读实验教材及相关理论文献，清楚实验所要验证的理论和实验中测量方法所依据的基本原理。

（4）实验仪器设备。使用实验仪器设备之前，要仔细阅读有关的仪器使用说明，掌握其使用方法。

（5）实验内容、步骤与电路图。认真分析实验电路，并根据实验内容、步骤，进行必要的计算，仔细考虑测量中有什么要求，并估算各参数的理论值，以便在实验过程中，做到"心中有数"。

（6）一些思考题的问答。对于实验中提出的思考题，应尽量通过仿真或搭建电路来进行求证，或查找资料进行求解。

（7）原始数据记录表格。这部分内容是指导老师考证实验效果的依据之一，应保证表格填写整洁。

（8）实验操作注意事项。

这部分内容要求简洁、明了。因为预习是对实验准备的过程，不需要实验者把实验教材原封不动地抄写一遍。实验者应结合自己的理解，用自己的语言简要地完成实验预习报告。

2. 实验总结报告内容

实验总结报告是对实验过程的全面总结，是评定实验成绩的重要依据，必须认真书写，其内容应包括：

（1）实验数据的处理、误差的计算和误差分析。

（2）曲线图或波形图的绘制，应使用坐标纸绘制。

（3）实验教材中思考题的回答。

（4）实验结果的总结，包括实验结论（用具体数据和观察到的现象说明所验证的理论）；实验现象的解释和分析；实验过程中遇到的困难及其解决方法；对实验的认识、收获以及改进意见等。

（5）实验教材中对总结报告所提的其他要求。

（6）把实验原始数据作为附录页，附在总结报告后面。

二、设计性实验

1. 实验预习报告内容

在做设计性实验前，实验者必须要明确实验的目的和任务，并在预习阶段设计出实验方案，所以，预习在设计性实验中显得尤为重要。报告包括下列内容：

（1）实验名称。

（2）已知条件。设计性实验可给出的条件，例如：提供的电子元器件、测量仪器等。

（3）主要技术指标。实现实验所需的主要技术参数，例如：频带大小、增益大小、信噪比等。

（4）实验所需仪器。

（5）电路工作原理和电路设计。根据实验的已知条件及主要技术指标给出实验实施方案，包括实验步骤、内容及实验电路图。在此过程中，实验者应仔细查阅并消化相关文献，方可提出可行的实验方案。

（6）列出实验需测试的技术指标，以便实验时对其进行测量。

2. 实验总结报告内容

设计性实验总结报告主要包括以下内容：

（1）电路组装、调试及测量。电路组装所使用的方法，包括组装的布线图等；调试电路的方法和技巧；调试时所使用的主要仪器；测量的数据和波形的记录；列出调试、测量成功后的各元件参数。

（2）故障分析及解决的方法。在电路组装、调试、测试时出现的故障，及其原因和排除方法。

（3）计算和处理测量数据，并对其结果进行讨论与误差分析。

（4）思考题的回答。

（5）总结设计电路的特点和方案的优、缺点，指出课题的核心及实用价值，提出改进意见和展望。

（6）列出参考文献。

（7）写出实验的收获和体会。

总之，书写实验报告时，要求思路清晰、文字简洁；图表正规，清楚；尊重实验原始数据，即不可随意涂改实验原始数据；计算准确，结论合理，并进行必要的分析与研究。

实验报告一律采用学校统一印制的实验报告纸，并于下一次实验时交给指导老师。要求每位实验者用自己的理解来完成，切忌抄袭（验证性、设计性实验报告样本见附录）。

1.2 电学基础知识

一、电路基础实验的测量内容

电路基础实验过程实际上是一个电子测量过程。所谓电子测量，是指以电子技术理论为依据、以电子测量仪器和设备为手段、以电量和非电量为测量对象的测量过程。电路基础实验主要是对电子技术中各种电参量所进行的测量，包括以下几方面的内容：

（1）电路参数的测量。这是指对电阻、电感、电容、阻抗、品质因数、损耗率等参量的测量。

（2）信号特性的测量。这是指对频率、周期、时间、相位、调制系数、失真度等参量的测量。

（3）能量的测量。这是指对电流、电压、功率、电场强度等参量的测量。

（4）电子设备性能的测量。这是指对通频带、放大倍数、衰减量、灵敏度、信噪比等的测量。

(5) 特性曲线的测量。这是指对幅频特性、相频特性、器件特性等特性的测量。

上述各种参量中，频率、时间、电压、相位、阻抗等是基本参量，其他的为派生参量。电压测量则是最基本、最重要的测量内容。

二、几种基本电参量的意义以及表示

(1) 直流电压(或电流)。直流电压(或电流)是指其大小不随时间变化的信号，用符号"DC"或"—"表示。典型的直流电压有干电池的电压、直流稳定电源的电压，如果用这些电压加在纯电阻电路中，得到的电流就是直流电流。

(2) 交流电压(或电流)。交流电压(或电流)的大小是随时间周期变化的，用符号"AC"或"～"表示。市电就是典型的交流电压，除此之外，函数信号发生器产生的方波、三角波也是交流电压。交流电压一般用幅度、峰峰值、有效值来表示，此外，还有波形系数、波峰系数等表示法。

(3) 幅度。一个周期性交流电压 $U(t)$ 在一个周期内相对于直流分量所出现的最大瞬时值称为该交流电压的幅度 Vm。

(4) 峰值。一个周期中信号的最大值 Vp 即为峰值。在直流分量为 0 时它等于幅度。

(5) 峰峰值。波峰到波谷的差即为峰峰值，用 Vpp 表示。峰值、幅度与峰峰值关系图如图 1-1 所示。

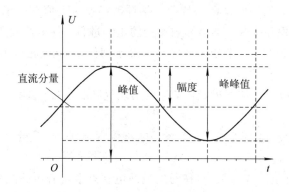

图 1-1　峰值、幅度与峰峰值的关系

(6) 有效值。如果一个交流电通过一个电阻在一个周期时间内所产生的热量和某一直流电通过同一电阻在相同的时间内产生的热量相等，那么这个直流电的量值，就称为交流电的有效值，用 Vrms 表示。比如我们生活中使用的市电电压 220 V，也是指供电电压的有效值，对于正弦信号，有 $Vpp=2\sqrt{2}Vrms$，Vpp=2 倍幅度。

注意　一般没有特殊说明时，交流电压的测量值都是指有效值，用 Vrms 表示。

(7) 交流信号的表征。一个信号通常用电压或电流或功率来表示。

1.3　实验电路的连接及故障处理

一、实验电路连接的注意事项

(1) 用万用表检测所有连接导线是否有断路，断路的导线应分拣出来。

（2）用不同颜色的导线连线，最好按照习惯使用，比如黑色接地用，红色接电源等。

（3）对于较复杂的电路，应先连接串联部分，后连接并联部分，在检查接线无误后才能连接电源端。

（4）接线时，线应尽量短（特别对高频电路），并尽量减少连线数量。

（5）避免在同一个端子上连接三根以上的连线（应分散接线），以减少因牵动（碰）一线而引起端子松动、接触不良或导线脱落，导致较大的接触电阻，甚至引发事故。

对连接好的电路，一定要认真细致地检查，这是保证实验顺利进行、防止事故发生的重要环节。检查的方法：一般是从电路的某一点开始（例如，信号的输入端），依次按连接导线和连接点或信号传递方向检查各实验装置接入电路的情况，巡遍整个电路，直至"终点"，要将原理图和实物进行对照，以原理图校对实物。

二、实验电路的故障处理

实验电路出现各种故障是难免的，通过对电路简单故障的分析、具体诊断和排除，实验者可以提高分析问题和解决问题的能力。

在实验电路中，常见的故障多属参数异常、开路、短路等类型。这些故障通常是由于电路接错、元器件损坏、实验仪器使用条件不符或数值给定不当、接触不良或导线内部断路等因素造成的。还有些不明显的故障需要根据实验数据进行判断，在没有错测、错读、错记和漏测的前提下，如果所读取的数据与估计值误差过大应该考虑为实验故障。不论何类故障，如不及早发现并排除，都会影响实验的正常进行，甚至造成严重损失。

故障检测的方法很多，一般根据故障类型确定部位，缩小范围，再在范围内逐点检查，最后找出故障点并予以排除。

（1）通过感官可以发现明显的故障，一旦出现气味、声响、温度等异常反应，应立即切断电源并找出故障点。

（2）检查电路接线（电源进线、保险丝、电路输入端子）有无错误，依次检查各部分有无电压，是否符合要求。

（3）用万用表（电压挡或电阻挡）在通电或断电状态下检查电路故障。

① 通电检测法：用万用表电压挡（或电压表）在接通电源情况下进行故障检测。根据实验原理，电路中某两点间应该有电压而万用表测不出电压；或某两点间不应该有电压而万用表测出了电压，那么故障就在此两点间。

② 断电检查法：用万用表电阻挡在断开电源情况下进行故障检测。根据实验原理，电路中某两点间应该导通（或电阻极小），万用表测出开路（或电阻很大）；或两点间应该开路（或电阻很大），但测得的结果为短路（或电阻很小），则故障在此两点间。

（4）用示波器在通电状态下检查电路故障。用示波器从信号发生器输入端到信号输出端逐级检查波形，哪级的波形与正常波形不同，故障就在此级。

实验者应根据故障类型和实验线路结构情况来选用检测方法，如短路故障或电路工作电压较高（200 V以上），不宜用通电法检测。因为在这两种情况下，有损坏仪表、元件和触电的可能；而当被测电路中含有微安表、场效应管、集成电路、大电容等元件时，不宜用断电法（电阻挡）检测。

1.4　实验数据的记录、分析与处理

1.4.1　实验数据的记录

实验数据的测量一般分为多次测量(如物理实验)和单次测量(即每个量只测量一次)。多次测量的测量误差较小,可排除实验过程中的偶然性。在本书中,对于电路实验数据的测量只要求单次测量。在记录数据时,要注意数据有效数字的位数和数据的单位。

一、有效数字的组成

实验数据通常由可靠数字和欠准数字两部分组成。可靠数字可以直接读取,欠准数字通过估读得到。对于数字式仪表,可以直接读取数据(默认最后一位数字为欠准数字),但要选取合适的量程。

至于有效数字的取舍及运算规则可以参见大学物理实验的处理方式。

二、实验数据的单位

实验数据包括两大类:有量纲和无量纲数据。有量纲的数据包含数值及其相应的单位,没有注明单位的有量纲测量结果是毫无价值的,例如直流电压是 1.02 V,直流电流是 0.32 A 等;少数测量结果没有单位,我们称其为无量纲数据,它实际是两个或多个有单位的参数之比,例如放大器增益 $A = 112$,其实是输入电压与输出电压的比值。

1.4.2　实验数据的分析与处理

一般实验数据的分析与处理包括两个方面:一是对实验数据误差的分析,二是实验数据的图表化。误差的分析是为了对实验结果进行定量分析,图表化则是使实验结果更直观。

一、误差分析

测量误差就是测量结果与被测量的真值之间的差别,误差有绝对误差、相对误差和满度相对误差三种不同的表示方法。通常使用绝对误差和相对误差来分析电路基础实验的数据。

1. 绝对误差 ΔX

测量所得值 X 和被测量真值 X_0 之间的差,称为绝对误差。被测真值 X_0 可以根据电路理论计算得到。

$$\Delta X = X - X_0 \tag{1-1}$$

2. 相对误差 γ_0

绝对误差 ΔX 与被测量实际值(或真值)X_0 的百分比,称为相对误差。在进行严格的误差分析时,经常采用相对误差作为测量指标。

$$\gamma_0 = \frac{\Delta X}{X_0} \times 100\% \tag{1-2}$$

为减小相对误差,应选择合适的仪表量程,对于指针式仪表,测量时要使表头指针偏转超过 1/2 量程。

二、实验结果的图表化

图表化就是把实验结果用函数图形表示出来，它具有直观性，能清楚地反映出实验过程中变量之间的变化关系和连续变化的趋势。精确地描制图线，在具体数学关系式为未知的情况下还可进行图解，并可借助图形来推测出经验公式的数学模型。

图解法主要是进行曲线拟合。所谓曲线拟合，就是对测量过程中所获取的数据点进行的一种图解处理方法。在许多测量中，测量的目的不单单是获得一个或几个数值，而是要在测量数据的基础上得到某些量之间的关系曲线。由于实际测量中存在着误差，而且有限次的测量所得到的数据只是关系曲线的一些离散点，不能简单地将这些离散点连成一条折线，必须对这些离散点进行一定的处理，即对曲线进行拟合。曲线拟合一般可分 6 步来进行：

（1）整理数据。首先，测量的数据点必须足够多，曲线的线性段数据可适当少些，但非线性段测量数据点必须足够多；其次，取合理的有效数字表示测得值，剔除可疑数据，给出相应的测量误差。

（2）选择坐标。坐标的选择应以便于作图或更方便地反映变量之间的相互关系为原则，以被测量及相关量为坐标变量，选择合适的坐标系，常用的是直角坐标系，当变量范围很宽时，则采用对数坐标系。

（3）坐标分度。在坐标纸选定以后，就要合理地确定图纸上每一小格的距离所代表的数值（简称格值），应注意下面两个原则：

① 格值的大小应当与测量的值所表达的精确度相适应。

② 为便于制图和利用图形查找数据每个格值代表的有效数字，尽量采用 1、2、4、5，避免使用 3、6、7、9 等数字。

（4）作散点图。根据确定的坐标分度值将数据作为点的坐标在坐标纸中标出，考虑到数据的分类及测量的数据组先后顺序等，应采用不同符号标出点的坐标。常用的符号有"×"、"○"、"●"、"△"、"■"等，规定标记的中心为数据的坐标。

（5）绘制曲线。绘制时，转折点应尽量少，更不能出现人为折曲，应是靠近数据点（而不是通过所有点）的一条光滑而无斜率突变的曲线，有时，可采取数据分组的办法，取各组几何中心连接成的平滑曲线，除曲线通过的点以外，处于曲线两侧的点数应当相近。

（6）注解说明。在每一图形下面将曲线经过的意义清楚明确地写出，使阅读者一目了然。

三、实验结果的判定

实验数据处理完以后，必须根据数据处理的结果，给出实验最后结论：是否达到预期效果，实验是否成功。判定的方法一般是按照实验电路计算出实验的理论数据，将理论数据与实验测量数据相比较。如果两者结果相差很大（如相差 5％或者 10％以上），可以判定实验失败，此时需要对整个实验过程进行分析，找出产生错误（或者大误差）的原因，并将其写入实验报告中。这将有利于后面进行正确的实验。如果实验误差较小，基本和理论数据吻合，可以判定实验达到了预期效果。此时同样应当对这些较小的实验误差进行进一步分析，看是否能够减小实验误差，提高实验精度。

第 2 章 仪 器 知 识

本章主要介绍各仪器的工作原理、内部结构、参数和使用方法。

2.1 信 号 发 生 器

信号发生器在电子实验中主要作为信号产生源,用来产生所需要的信号,因此,信号发生器也称为信号源。信号发生器可产生不同波形、频率和幅度的信号,是电路实验中常用的仪器。一台性能良好的通用信号发生器应具备以下基本要求:

(1) 具有较宽的频率范围,且频率连续可调。

(2) 在整个频率范围内具有良好的输出波形,即波形失真要小。

(3) 输出电压幅度连续可调,且基本不随频率的改变而改变。

(4) 具有输出指示(电压幅度、频率、波形)。

目前的信号发生器一般可输出多种波形,如正弦波、方波、三角波、TTL 电平和直流电平。在方波和三角波的基础上,还可以调出各种矩形波和三角波。因此现在的信号发生器又称为函数信号发生器,有的信号发生器还具有调制和扫频的功能。信号发生器输出信号的波形、频率、幅度都可以通过仪器面板上的旋钮、按键方便地调节、设定。随着电子技术的发展,出现了数字合成信号发生器(DDS),其一改传统的模拟方法,采用了全数字概念和大规模集成电路。因其原理与晶振信号分频非常相似,故能轻松得到与晶振相同的频率稳定度,即使在极低频时依然如此;频率变换速度快(可达纳秒量级),变频时相位连续;频率分辨率极高,且只受制于所用集成电路的规模,由于电路中只有很少的模拟器件,仪器稳定性和可靠性都得到了显著的提高。

2.1.1 数字合成信号发生器的工作原理

数字合成信号发生器没有振荡元件,是用数字合成方法产生一连串数据流,再经过数/模转换产生预先设定的模拟信号,即利用程序软件产生所需的信号。其原理框图如图 2-1 所示。

波形合成原理:例如要产生一个正弦波,首先将函数 $y = \sin x$ 进行数字量化,再以 x 为地址,y 为量化数据,依次存入波形存储器。

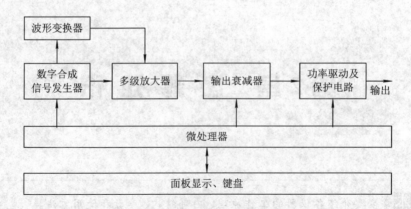

图 2-1　数字合成信号发生器原理框图

DDS 使用相位累加技术控制波形存储器的地址,在每个采样周期中,DDS 都把一个相位增量,累加到相位累加器的当前结果上,通过改变相位增量而使输出的频率发生改变;再根据相位累加器输出的地址,由波形存储器取出波形量化数据,经数/模转换器和运算放大器转换成模拟信号电压。但是波形数据是简短的取样数据,输出是一个阶梯形的正弦波,必须经过低通滤波器滤除波形中的高次谐波,才可变为连续的、可供使用的正弦波。

正弦波的输出幅度是由幅度控制器控制的,它将低通滤波器输出的满幅度信号,按照设定的要求进行衰减,经过功率放大器放大后,送至输出端口。

微处理器是整机的控制中心,通过键盘控制各个模块工作,实现其输出设置。

2.1.2　数字合成信号发生器的使用方法

下面以 TFG6020 DDS 为例,介绍其使用方法。

一、面板功能键介绍

TFG6020 DDS 的面板图如图 2-2 所示。

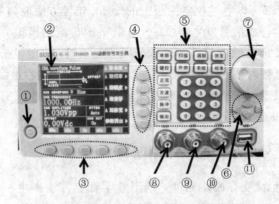

图 2-2　TFG6020 DDS 的面板图

面板图上的数字分别指:① 为电源开关;② 为显示屏;③ 为单位软键;④ 为选项软键;⑤ 为功能键、数字键;⑥ 为方向键;⑦ 为调节旋钮;⑧ 为 A 路输出端;⑨ 为 B 路输出端;⑩ 为外同步信号输入端;⑪ 为 USB 接口。

二、屏幕功能介绍

TFG6020 DDS 的液晶显示屏如图 2-3 所示。

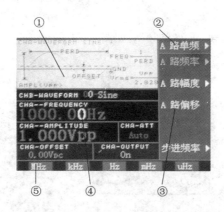

图 2-3　液晶显示屏

① 波形示意图：左边上部为各种功能下的 A 路波形示意图。

② 功能菜单：右边为中文显示区，上边一行为功能菜单。

③ 选项菜单：右边为中文显示区，下边 5 行为选项菜单。

④ 参数菜单：左边英文显示区为参数菜单，自上至下依次为"B 路波形""频率""幅度""A 路衰减""偏移""输出开关"等参数。

⑤ 单位菜单：最下边一行为输入数据的单位菜单。

三、键盘说明

仪器前面板上共有 38 个按键，可以分为以下 5 类。

1. 功能键

【单频】、【扫描】、【调制】、【猝发】、【键控】等键，分别用来选择仪器的各种功能。【外测】键，用来设置频率计数。【系统】、【校准】两键，用来进行系统设置及参数校准。【正弦】、【方波】、【脉冲】三键，用来选择 A 路波形。【输出】键，用来开、关 A 路或 B 路输出信号。

2. 选项软键

屏幕右边有 5 个空白键〖〗，从上到下分别为〖选项 1〗～〖选项 5〗，其键功能随着选项菜单的不同而变化，称为选项软键。

3. 数据输入键

【0】、【1】、【2】、【3】、【4】、【5】、【6】、【7】、【8】、【9】等十键，用来输入数字。【·】键，用来输入小数点。【一】键，用来输入负号。

4. 单位软键

屏幕下边有 5 个空白键〖〗，其定义随着数据的性质不同而变化，称为单位软键。输入数据之后必须按单位软键，表示数据输入结束并开始生效。

5. 方向键

【＜】、【＞】两键，用来移动光标指示位，转动旋钮可以加、减光标指示位的数字。【∧】、【∨】两键，用来步进增、减 A 路信号的频率或幅度。

四、基本操作

下面举例说明基本操作方法。

1. A 路单频

（1）按【单频】键，切换到"A 路单频"，如图 2-4 所示。

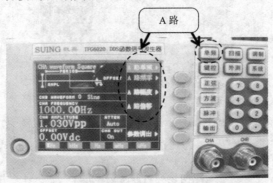

图 2-4　按【单频】键切换到"A 路单频"

（2）A 路频率的设定。按屏幕中"A 路频率"字符右边对应的选项软键〖选项 1〗，激活"A 路频率"设置选项。激活后，该项功能字符颜色变为绿色，如图 2-5 所示。

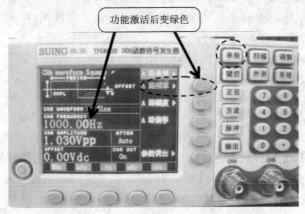

图 2-5　选中"A 路频率"对应的选项

设定频率参数的方法有两种，方法一：按数字键【3】、【•】、【5】三键，然后按屏幕中"kHz"字符下方对应的单位软键，如图 2-6 所示（注：如无特别说明，下文中将用〖kHz〗表示单位软键设置，其他单位设置类同）。

图 2-6　频率参数设置方法一

　　方法二：先按【＜】或【＞】，移动数据中的白色光标指示位，移动到需要的位数上，如图 2 - 7 所示。

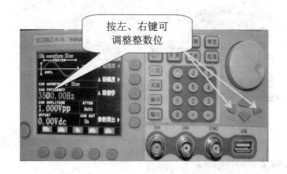

图 2 - 7　调整参数的位数

　　再左、右转动旋钮可使指示位的数字增大或减小，并能连续进位，由此可任意粗调或细调频率，如图 2 - 8 所示。其他选项数据也都可用旋钮调节，不再重述。

图 2 - 8　转动旋钮改变参数大小

　　（3）A 路周期的设定。设定周期值 25 ms，按屏幕中"A 路频率"字符右边对应的选项软键，将其切换为"A 路周期"，按【2】、【5】两键，然后按〖ms〗单位软键，如图 2 - 9 所示。

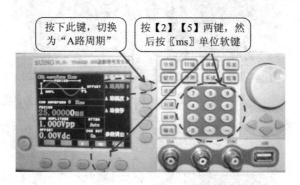

图 2 - 9　A 路周期的设定

　　（4）A 路幅度的设定（峰峰值）。设定幅度峰峰值为 3.2 Vpp，按下屏幕中"A 路幅度"字符右边对应的选项软键，激活"A 路幅度"，按【3】【·】【2】三键，然后按〖Vpp〗单位软键，如图 2 - 10 所示。

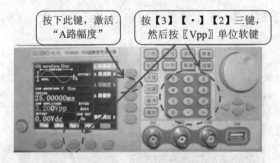

图 2-10　A 路幅度的设定(峰峰值)

　A 路幅度的设定(有效值)：设定幅度有效值为 1.5 Vrms，按【1】【·】【5】三键，然后按〖Vrms〗单位软键，如图 2-11 所示。

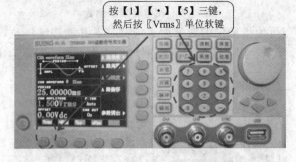

图 2-11　A 路幅度的设定(有效值)

　(5) A 路衰减的选择。选择固定衰减为 0 dB(开机或复位后自动还原为自动衰减"Auto")，按〖选项 2〗软键，选中"A 路衰减"，按【0】键，然后按〖dB〗单位软键，如图 2-12 和图 2-13 所示。

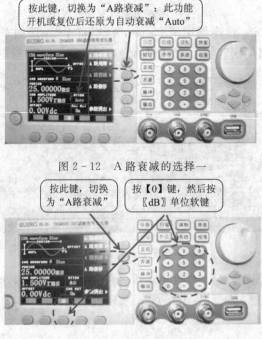

图 2-12　A 路衰减的选择一

图 2-13　A 路衰减的选择二

（6）A 路偏移的设定。当衰减为 0 dB 时，设定直流偏移值为 −1 V，按〖选项 3〗软键，选中"A 路偏移"，按【−】、【1】，然后按〖Vdc〗单位软键，如图 2−14 所示。

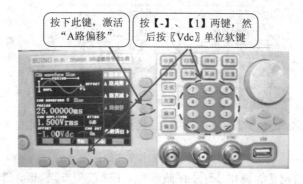

图 2−14　A 路偏移的设定

（7）A 路波形的选择。A 路波形有三种，分别是正弦、方波、脉冲。选择脉冲波，按【脉冲】键，如图 2−15 所示。

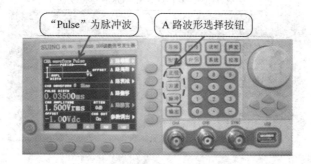

图 2−15　设置 A 路波形为脉冲波

（8）A 路脉宽的设定。设定脉冲宽度为 35 μs，按〖选项 4〗软键，选中"A 路脉宽"，按【3】、【5】两键，然后按〖μs〗单位软键，如图 2−16 所示。

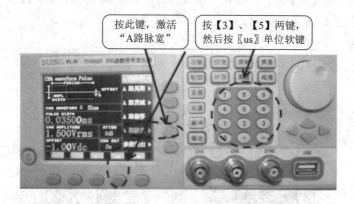

图 2−16　A 路脉宽的设定

（9）A 路占空比的设定。设定脉冲波占空比为 25%，按〖选项 4〗软键，选中"占空比"，按【2】、【5】两键，然后按〖%〗单位软键，如图 2−17 所示。

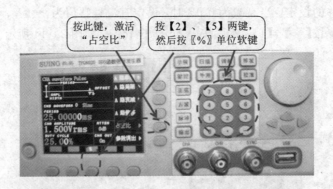

图 2-17　A 路占空比的设定

（10）存储参数的调出。调出 15 号存储参数，按〖选项 5〗软键，选中"参数调出"，按【1】、【5】两键，然后按〖OK〗单位软键，如图 2-18 所示。

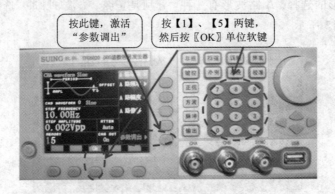

图 2-18　存储参数调出

（11）A 路频率步进的设定。设定频率步进为 12.5 Hz，按〖选项 5〗软键，选中"步进频率"，按【1】、【2】、【·】、【5】四键，然后按〖Hz〗单位软键，再按〖选项 1〗软键，选中"A 路频率"，然后每按一次【∧】键，A 路频率增加 12.5 Hz，每按一次【∨】键，A 路频率减少 12.5 Hz。A 路幅度步进与此类同。

2. B 路单频

按【单频】键，选中"B 路单频"，如图 2-19 所示。

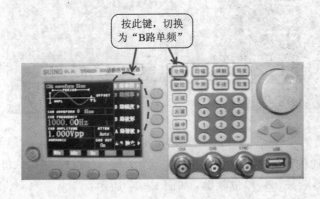

图 2-19　切换到 B 路

（1）B 路频率幅度的设定。B 路的频率和幅度设定与 A 路类同，只是 B 路不能进行周期设定，幅度设定只能使用峰峰值，不能使用有效值。

（2）B 路波形的选择。选择三角波，按〖选项 3〗软键，选中"B 路波形"，按【2】、【OK】两键，如图 2 - 20 所示。

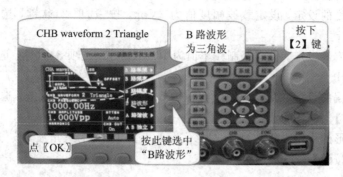

图 2 - 20 B 路波形的选择

（3）A 路谐波的设定。设定 B 路频率为 A 路的三次谐波，按〖选项 4〗软键，选中"A 路谐波"，按【3】、〖time〗两键。

（4）AB 相差的设定。设定 A 、B 两路信号的相位差为 90°，按〖选项 4〗软键，选中"AB 相差"，按【9】、【0】、〖°〗三键。

（5）两路波形相加。A 路和 B 路波形线性相加，由 A 路输出，按〖选项 5〗软键，选中"AB 相加"。

3. 频率扫描

按【扫描】键，选中"A 路扫频"功能。

（1）始点频率的设定。设定始点频率值 10 kHz，按〖选项 1〗软键，选中"始点频率"，按【1】、【0】、〖kHz〗三键。

（2）终点频率的设定。设定终点频率值为 50 kHz，按〖选项 1〗软键，选中"终点频率"，按【5】、【0】、〖kHz〗三键。

（3）步进频率的设定。设定步进频率值为 200 Hz，按〖选项 1〗软键，选中"步进频率"，按【2】、【0】、【0】、〖Hz〗四键。

（4）扫描方式的设定。设定往返扫描方式，按〖选项 3〗软键，选中"往返扫描"。

（5）间隔时间的设定。设定间隔时间为 25 ms，按〖选项 4〗软键，选中"间隔时间"，按【2】、【5】、〖ms〗三键。

（6）手动扫描的设定。设定手动扫描方式，按〖选项 5〗软键，选中"手动扫描"，则停止连续扫描，每按一次〖选项 5〗软键，A 路频率步进一次。如果不选中"手动扫描"，则恢复连续扫描。

（7）扫描频率的显示。按〖选项 1〗软键，选中"A 路频率"，频率显示数值随扫描过程同步变化，但是扫描速度会变慢。如果不选中"A 路频率"，频率显示数值不变，扫描速度正常。

4. 幅度扫描

按【扫描】键，选中"A 路扫幅"，设定方法与"A 路扫频"功能类同。

5．频率调制

按【调制】键，选中"A 路调频"。

(1) 载波频率的设定。设定载波频率值为 100 kHz，按〖选项 1〗软键，选中"载波频率"，按【1】、【0】、【0】、〖kHz〗四键。

(2) 载波幅度的设定。设定载波幅度值为 2Vpp，按〖选项 2〗软键，选中"载波幅度"，按【2】、〖Vpp〗两键。

(3) 调制频率的设定。设定调制频率值为 10 kHz，按〖选项 3〗软键，选中"调制频率"，按【1】、【0】、〖kHz〗三键。

(4) 调频频偏的设定。设定调频频偏值为 5.2%，按〖选项 4〗软键，选中"调频频偏"，按【5】、【·】、【2】、〖%〗四键。

(5) 调制波形的设定。设定调制波形(实际为 B 路波形)为三角波，按〖选项 5〗软键，选中"调制波形"，按【2】、〖OK〗两键。

6．幅度调制

按【调制】键，选中"A 路调幅"。

载波频率、载波幅度、调制频率和调制波形的设定与"A 路调频"中的设定相同。

调幅深度的设定。设定调幅深度值为 85%，按〖选项 4〗软键，选中"调幅深度"，按【8】、【5】、〖%〗三键。

7．猝发输出

按【猝发】键，选中"B 路猝发"。

B 路频率、B 路幅度的设定与"B 路单频"中的设定相同。

(1) 猝发计数的设定。设定猝发计数为 5 个周期，按〖选项 3〗软键，选中"猝发计数"，按【5】、〖cycl〗两键。

(2) 猝发频率的设定。设定脉冲串的重复频率为 50 Hz，按〖选项 4〗软键，选中"猝发频率"，按【5】、【0】、〖Hz〗三键。

(3) 单次猝发的设定。设定单次猝发方式，按〖选项 5〗软键，选中"单次猝发"，则停止连续猝发，每按一次〖选项 5〗软键，猝发输出一次。如果不选中"单次猝发"，则恢复连续猝发。

8．频移键控(FSK)

按【键控】键，选中"A 路 FSK"。

(1) 载波频率的设定。设定载波频率值为 15 kHz，按〖选项 1〗软键，选中"载波频率"，按【1】、【5】、〖kHz〗三键。

(2) 载波幅度的设定。设定载波幅度值为 2Vpp，按〖选项 2〗软键，选中"载波幅度"，按【2】、〖Vpp〗两键。

(3) 跳变频率的设定。设定跳变频率值为 2 kHz，按〖选项 3〗软键，选中"跳变频率"，按【2】、〖kHz〗两键。

(4) 间隔时间的设定。设定跳变间隔时间为 20 ms，按〖选项 4〗软键，选中"间隔时间"，按【2】、【0】、〖ms〗三键。

9．幅移键控(ASK)

按【键控】键，选中"A 路 ASK"。

载波频率、载波幅度和间隔时间的设定与"A 路 FSK"中的设定类同。

跳变幅度的设定。设定跳变幅度值为 0.5Vpp,按〖选项 3〗软键,选中"跳变幅度",按【0】、【·】、【5】、〖Vpp〗四键。

10. 相移键控(PSK)

按【键控】键,选中"A 路 PSK"。

载波频率、载波幅度和间隔时间的设定与"A 路 FSK"中的设定类同。

跳变相位的设定。设定跳变相位值为 180°,按〖选项 3〗软键,选中"跳变相位",按【1】、【8】、【0】、〖°〗四键。

2.2 毫 伏 表

毫伏表是一种专门用于测量正弦波电压有效值的仪器。它具有高输入阻抗、宽频率范围和高灵敏度(一般可测量毫伏级信号,所以称为毫伏表)等特点。

毫伏表种类丰富,有可测量交直流电压的毫伏表,也有专门测量交流电压的毫伏表。毫伏表以频率高低不同,分为低频毫伏表、高频毫伏表、超高频毫伏表等。

交流毫伏表又可分为模拟交流毫伏表和数字交流毫伏表。数字交流毫伏表是将被测信号进行数字技术处理后,用数字显示出测量结果。数字交流毫伏表与模拟交流毫伏表相比有更多优点,目前已经逐渐取代模拟交流毫伏表。

下面以 SM1030 双输入数字交流毫伏表为例介绍交流毫伏表的使用方法。SM1030 双输入数字交流毫伏表前面板图如图 2-21 所示。

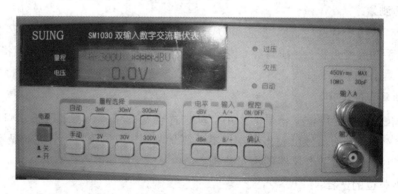

图 2-21 SM1030 双输入数字交流毫伏表前面板

前面板各个部分功能介绍如下:

1. 按键和插座

【电源】开关:开机时显示厂标和型号后,进入初始状态:"输入 A",手动改变量程,量程 300 V,显示电压和 dBV 值。

【自动】:切换到自动选择量程。在自动位置,输入信号小于当前量程的 1/10,自动减小量程;输入信号大于当前量程的 4/3 倍,自动加大量程。

【手动】:无论当前状态如何,按下【手动】键都切换到手动选择量程,并恢复到初始状态。在手动位置,应根据"过压"和"欠压"指示灯的提示,改变量程:过压灯亮,增大量程;

欠压灯亮，减小量程。

【3 mV】～【300 V】：量程切换键，用于手动选择量程。

【dBV】：切换到显示 dBV 值。

【dBm】：切换到显示 dBm 值。

【ON/OFF】：进入程控/退出程控。

【确认】：确认地址。

【A/＋】：切换到"输入 A"，显示屏和指示灯都显示"输入 A"的信息。量程选择键和电平选择键对"输入 A"起作用。设定程控地址时，起地址加作用。

【B/－】：切换到"输入 B"，显示屏和指示灯都显示"输入 B"的信息。量程选择键和电平选择键对"输入 B"起作用。设定程控地址时，起地址减作用。

"输入 A"：A 输入端。

"输入 B"：B 输入端。

2. 指示灯

【自动】指示灯：用【自动】键切换到自动选择量程时，该指示灯亮。

【过压】指示灯：输入电压超过当前量程的 4/3 倍，过压指示灯亮。

【欠压】指示灯：输入电压小于当前量程的 1/10，欠压指示灯亮。

SM1030 有两个输入端，由输入端 A 或输入端 B 输入被测信号，也可由输入端 A 和输入端 B 同时输入两个被测信号。两输入端的量程选择方法、量程大小和电平单位，都可以分别设置，互不影响；但两输入端的工作状态和测量结果不能同时显示。实验者可用输入选择键切换到需要设置和显示的输入端。

3. 手动测量

实验者可从初始状态(手动，量程 300V)输入被测信号，然后根据"过压"和"欠压"指示灯的提示手动改变量程。过压灯亮，说明信号电压太大，应加大量程；欠压指示灯亮，说明输入电压太小，应减小量程。

4. 自动量程的使用

在自动位置，仪器可根据信号的大小自动选择合适的量程。若过压指示灯亮，显示屏显示 ＊＊＊＊ V，说明信号已超出了本仪器的测量范围。若欠压指示灯亮，显示屏显示 0，说明信号太小，也超出了本仪器的测量范围。

5. 电平单位的选择

根据需要选择 dBV 或 dBm 显示。dBV 和 dBm 不能同时显示。

2.3 数字万用表

万用表是一种多功能、多量程的便携式电子电工仪表，一般的万用表可以测量直流电流、直流电压、交流电压和电阻等。有些万用表还可测量电容、电感、功率、晶体管共射极直流放大系数 hFE 等。所以，万用表是电子电工专业必备的仪表之一。

万用表一般可分为指针万用表和数字万用表两种。由于篇幅所限，我们只介绍数字万用表的相关内容。数字万用表是指测量结果主要以数字方式显示的万用表，图 2－22 所示即为一手持数字万用表的实物图。数字万用表的主要原理是先将被测量的模拟信号由模/数转换器(A/D 转换器)变换成数字量，然后通过电子计数器计数，最后把测量结果以数字的形式直接显示在显示器上。

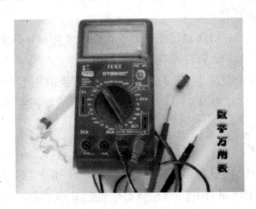

图 2 - 22　手持数字万用表实物图

与指针式万用表相比，数字式万用表具有以下特点：

(1) 采用大规模集成电路，提高了测量精度，减少了测量误差。

(2) 以数字方式在屏幕上显示测量值，使读数变得更为直观、准确。

(3) 增设了快速熔断器和过压、过流保护装置，使过载能力进一步加强。

(4) 具有防磁抗干扰能力，测试数据稳定，使万用表在强磁场中也能正常工作。

(5) 具有自动调零、极性显示、超量程显示及低压指示功能。有的数字万用表还增加了语音自动报测数据装置，真正实现了会说话的智能型万用表。

2.3.1　手持数字万用表

手持式数字万用表一般分为三位半、四位半、五位半等类型，这里的半位是指测量值的最高位只能显示"1"，因此只有半位。手持数字万用表的挡位选择开关周围的一圈数字表示的是量程，超过量程，仅在高位显示"1"。例如选择直流电压的 20 V 挡，则最大只能测量 20 V 的直流电压，超过 20 V，仅在高位显示"1"。万用表使用完毕必须关闭电源。

一、直流电压的测量

将黑表笔插入"COM"插孔，红表笔插入"V/Ω"插孔；将量程开关转至直流电压挡("V"挡位)相应的量程上；然后将测试表笔分别跨接在被测电路两端，红表笔所接的该点电压与极性将显示在显示器上。测量时，要注意以下几点：

(1) 如果事先不知道被测电压的范围，应将量程开关转到最高的挡位，然后根据显示值将量程开关转至适当的挡位上。

(2) 输入电压切勿超过 1000 V，如超过，则有可能损坏仪表的电路。

(3) 测量高电压电路时，千万注意避免触及该电路。

二、交流电压的测量

万用表的交流电压挡可以测量较高电压、较低频率的交流电有效值。使用时，将黑表笔插入"COM"插孔，红表笔插入"V/Ω"插孔；将量程开关转至交流电压挡(V 上有一"～"

标志)相应的量程上；然后将测试表笔分别跨接在被测电路两端。测量时，要注意以下几点：

(1) 如果事先不知道被测电压的范围，应将量程开关转到最高的挡位，然后根据显示值将量程开关转至适当的挡位上。

(2) 输入电压的有效值，切勿超过于 700 V，否则可能损坏仪表的电路。

(3) 测量高电压电路时，千万注意避免触及该电路。

(4) 万用表虽然可测量交流电压，但因整流元件的极间电容较大，故被测电压的频率越高，则误差越大，一般只能测量 45 Hz～1 kHz 的电压，更高频率的电压需用交流毫伏表测量。

三、直流电流的测量

将黑表笔插入"COM"插孔，红表笔插入"mA"插孔中(最大为 200 mA)，或插入"10 A"中(最大为 10 A)；将量程开关转至直流电流挡相应的挡位上；然后将仪表串联到被测电路中，被测量的电流及红色表笔点的电流极性将同时显示在显示器上。测量时要注意以下几点：

(1) 如果事先不知道被测电流的范围，应将量程开关转到最高的挡位，然后按显示值将量程开关转到相应的挡上。

(2) 最大输入电流为 200 mA 和 10 A 两挡，过大的电流会将保险丝熔断，保险丝熔断后，将无法测量(显示屏幕上显示为 0)电流值。在使用 10 A 挡测量时要注意，因为该挡没有保险丝，所以不可以超过量程。

四、交流电流的测量

将黑表笔插入"COM"插孔，红表笔插入"mA"插孔中(最大为 200 mA)，或插入"10 A"中(最大为 10 A)；将量程开关转至交流电流挡相应的挡位上；然后将仪表串入被测电路中。测量时，要注意以下几点：

(1) 如果事先不知道被测电流范围，应将量程开关转到最高的挡位，然后按显示值将量程开关转到相应的挡上。

(2) 最大输入电流为 200 mA 和 10 A，过大的电流会将保险丝熔断，在使用 10 A 挡测量时要注意，因为该挡没有保险丝，所以不可以超过量程。

五、电阻的测量

将黑表笔插入"COM"插孔，红表笔插入"V/Ω"插孔；将量程开关转至相应的电阻量程上；将两表笔跨接在被测电阻两端。测量时，要注意以下几点：

(1) 如果电阻的阻值超过所选的量程或输入端开路时，LCD 会显示"1"，这时要将量程开关调高一挡。当被测电阻的阻值超过 1 MΩ 时，读数需几秒时间才能稳定，这在测量高阻时是正常的。

(2) 对于挡位 200 Ω，直接读出数值，如显示 126，则阻值即为 126 Ω；对于挡位 2 k、20 k、200 k、2 M、20 M、200 M，如选择挡位 20 k，显示 7.45，则阻值即为 7.45 kΩ。

(3) 当电阻连接在电路中时，首先应将电路的电源断开，并把电阻从电路中断开，决不允许带电并在电路中测量。否则，容易烧坏万用表，使测量结果不准确。

六、电容的测量

将被测电容插入电容插口,将量程开关置于相应的电容量程上。测量时,要注意以下几点:

(1) 如被测电容超过所选择的量程,LCD 将显示"1",此时应将量程开关调高一挡。

(2) 在将电容插入电容插口前,LCD 显示值可能尚未回到零,残留读数会逐渐减小,但可以不予理会,它不会影响测量结果。

(3) 在测试电容的容量之前,对电容要充分地放电,以防止损坏仪表。

七、二极管及导线通断的测量

将黑表笔插入"COM"插孔,红表笔插入"V/Ω"插孔(注意红表笔极性为"+"),将量程开关置"⊶⊢"挡,当测量二极管时,将红表笔连接在待测试的二极管的 P 极,黑表笔连接在 N 极端,读数为二极管正向压降的近似值。

当测量电阻时,若阻值低于 30 Ω,万用表会发出蜂鸣声,因此可以用此功能检测导线通断。

八、三极管的 hFE 参数(三极管直流放大倍数 β)的测量

将量程开关置于 hFE 挡;先确定所测晶体管是 NPN 型还是 PNP 型,然后选择与之相应的插孔,将发射极、基极、集电极分别插入,LCD 将显示三极管的直流放大倍数 β 值。

2.3.2 台式数字万用表

台式数字万用表用途与手持数字万用表类似,但其功能比手持数字万用表更丰富,精度更高。下面以 GDM - 8245 台式数字万用表为例,介绍其使用方法。GDM - 8245 台式数字万用表前面板图如图 2 - 23 所示。

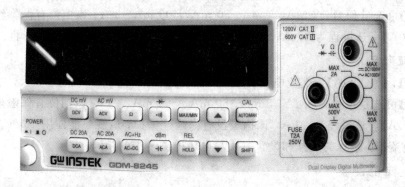

图 2 - 23　GDM - 8245 台式数字万用表前面板图

前面板各部分功能及使用方法简介:

【POWER】:电源开关。

一、万用表表笔的连接

GDM - 8245 台式数字万用表共有 4 个插孔。

(1) 黑表笔插入黑色的"COM"孔。

(2) 红表笔根据不同的测量参数插入不同的孔中:

① 测量电压、电阻、二极管正向压降、导线通断、电容等时，插入正上方的红色插孔。

② 测量【DCA】、【ACA】挡位的电流时，插入左端标记为"MAX 2A"的红色插孔，此插孔有保险丝保护。若保险丝烧断，可从标记为"FUSE T2A 250 V"的孔中旋出保险管更换。

③ 测量【DC 20A】、【AC 20A】挡位的电流时，插入下端标记为"MAX 20A"的红色插孔，此插孔没有保险管保护，最多只能使用 15 秒。

二、电压的测量（DCV、ACV、DCmV、ACmV）

1. 直流电压

【DCV】、【DC mV】为直流电压，两者的切换用【SHIFT】键。

【DCV】可选量程为 5 V、50 V、500 V、1200 V。

【DCmV】可选量程为 500 mV。

2. 交流电压

【ACV】、【AC mV】为交流电压有效值，两者的切换用【SHIFT】键。

【ACV】可选量程为 5 V、50 V、500 V。

【ACmV】可选量程为 500 mV。

量程的切换使用【▲】或【▼】键，若被测电压超过所选量程，万用表会显示"—OL—"字样。假如不清楚被测电压的范围，建议从最高挡开始选择，或者按【AUTO/MAN】键选择自动方式调整量程，当屏幕上出现"AUTO"时，万用表会自动选择合适的量程并测出数据。

三、电流的测量（DCA、DC20A、ACA、AC20A）

1. 直流电流

【DCA】、【DC20A】为直流电流有效值，两者的切换用【SHIFT】键。

【DCA】可选量程为 500 μA、5 mA、50 mA、500 mA、2 A。该挡位有保险丝保护。

【DC 20A】可选量程为 20 A，该挡位没有保险丝保护，最多只能使用 15 秒。

2. 交流电流

【ACA】、【AC 20A】为交流电流有效值，两者的切换用【SHIFT】键。

【ACA】可选量程为 500 μA、5 mA、50 mA、500 mA、2 A。该挡位有保险丝保护。

【AC 20A】可选量程为 20 A，该挡位没有保险丝保护，最多只能使用 15 秒。

测量电流时，量程的选择和设置方式与电压的测量中的相同。

四、电阻的测量

【Ω】可选量程为 500 Ω、5 kΩ、50 kΩ、500 kΩ、5 MΩ、20 MΩ。假如不清楚被测电阻的范围，也可按【AUTO/MAN】键选择自动方式调整量程，当屏幕上出现"AUTO"时，万用表会自动选择合适的量程并测出数据。若被测电阻超过量程，万用表会显示"—OL—"字样。测量电阻时，量程的选择和设置方式与电压的测量中的相同。

五、导线通断的测量

选中蜂鸣器挡位，如图 2－24 所示。将红、黑表笔分别连接到被测元件两端，当接触端电阻小于 5 Ω 时，蜂鸣器会响，此功能用于测量导线通断。

图 2-24 蜂鸣器挡位

六、二极管正向压降的测量

先按【SHIFT】键，再选中蜂鸣器挡位，可切换至二极管正向压降测量挡位。

七、电容的测量

选中电容挡位，如图 2-25 所示。此功能用于测量电容大小，可选量程为 5 nF、50 nF、500 nF、5 μF、50 μF，其中量程 5 nF 容易被测试导线的阻抗和位置所干扰，所以为避免干扰，保证精确度，测试导线必须尽量短。

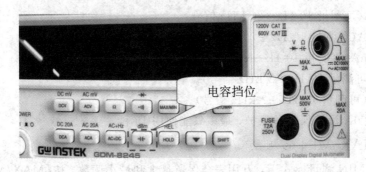

图 2-25 电容挡位

八、dBm 的测量

此功能是将电压测量转换为 dBm 测量。先按【SHIFT】，再按下【dBm】键，第二显示屏会显示出 dBm 的值，而相对应的电压值会显示在主显示器上。第二显示屏位置如图 2-26 所示。

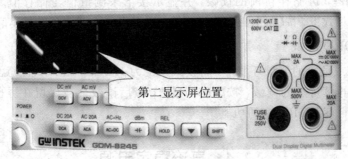

图 2-26 第二显示屏位置

九、AC＋DC 的测量

【AC＋DC】只适用于电压或电流的测量。此功能用于测量输入信号的有校值，包括直流成分和交流成分。测量时，万用表测量过程会比较慢，按其他功能键即可解除 AC＋DC 的功能。

十、AC＋Hz 的测量

【AC＋Hz】只适用于测量交流电压或电流的频率。按【SHIFT】键，再按【AC＋Hz】键，第二显示屏显示所测信号的频率。测量时，万用表测量过程会比较慢，再按一次【AC＋Hz】键，即可解除 AC＋Hz 的功能。注意：不能同时选择 dBm 挡位和 AC＋Hz 挡位。

当测交流电压（ACV、AC mV）时，可选量程为

（1）500 mV（可测量 10 Hz～150 kHz 信号）。

（2）5 V（可测量 10 Hz～200 kHz 信号）。

（3）50 V（可测量 20 Hz～200 kHz 信号）。

（4）500 V（可测量 20 Hz～1 kHz 信号）。

当测交流电流（ACA、AC20A）时，可选量程为

（1）500 μA（可测量 10 Hz～20 kHz 信号）。

（2）5 mA（可测量 10 Hz～20 kHz 信号）。

（3）50 mA（可测量 10 Hz～20 kHz 信号）。

（4）500 mA（可测量 10 Hz～20 kHz 信号）。

（5）2 A（可测量 10 Hz～2 kHz 信号）。

（6）20 A（可测量 10 Hz～2 kHz 信号）。

其中 AC 20A 没有保险丝保护，最多只能使用 15 秒。

十一、MAX／MIN 的测量

在 MAX/MIN 测量模式下，万用表会保留最大和最小读数。按【MAX/MIN】键，将模式设定为 MAX，会显示出连续输入的最大值。按【MAX/MIN】键，将模式设定为 MIN，会显示出连续输入的最小值。在 MIN 模式下，再按【MAX/MIN】键，即可解除 MAX/MIN 的功能。

十二、REL 的测量

按下【REL】键，可储存目前的读数，并显示接下来测量值与储存值之间的差值。在 MAX/MIN 测量模式下，按【REL】键，将模式设定为 REL 后，最大值和最小值会成为基准值。

十三、HOLD 的测量

在比较困难或危险的测量环境下，将模式设定为 HOLD，可以只注意测试表笔，等到方便或安全时，再读屏幕的读数。按【HOLD】键，最后读数会被保留在屏幕上，再按一次【HOLD】键，即可解除 HOLD 的功能。

2.4　直流稳定电源

直流稳定电源的作用是将交流电转变为稳定的直流电，其组成部分如图 2-27 所示。

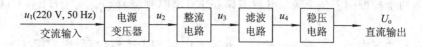

图 2-27 直流稳定电源组成部分

出于安全、稳定的考虑，稳压部分还需要包含取样反馈电路（目的是使输出电压更稳定）、保护电路（防止短路、过压过流烧毁）等。下面以 SS2323 直流稳定电源为例进行说明。

一、面板控制功能说明

SS2323 可跟踪直流稳定电源面板图如图 2-28 所示。

图 2-28 SS2323 可跟踪直流稳定电源面板图

【POWER】：电源开关。电源开关置 ON，电源接通可正常工作；置 OFF，电源关断。

【OUTPUT】开关：打开或关闭输出。

【OUTPUT】指示灯：输出状态下指示灯亮。

【"＋"输出端子】：每路输出的正极输出端子（红色）。

【"－"输出端子】：每路输出的负极输出端子（黑色）。

【GND 端子】：大地和电源接地端子（绿色）。

【VOLTAGE】旋钮：电压调节，调整稳压输出值。

【CURRENT】旋钮：电流调节，调整稳流输出值（有时调压不正常，应将电流顺时针调大）。

【字符"V"上屏幕显示的数值】：电压表，指示输出电压。

【字符"A"上屏幕显示的数值】：电流表，指示输出电流。

【C. V. /C. C.（MASTER）指示灯】：CH1 路输出状态指示灯。当 CH1 路输出处于稳压状态时，C. V. 灯（绿灯）亮；当 CH1 输出处于稳流状态时，C. C. 灯（红灯）亮。

【C. V. /C. C.（SLAVE）指示灯】：当 CH2 输出处于稳压状态时，C. V. 灯（绿灯）亮；当 CH2 输出处于稳流状态时，C. C. 灯（红灯）亮。

【TRACKING】：两个键配合使用可选择相应模式：INDEP（独立）、SERIES（串联）跟踪或 PARALLEL（并联）跟踪。

（1）当两个按键都未按下时，电源工作在 INDEP（独立）模式下。CH1 和 CH2 输出完全独立。

（2）当只按下左键，不按下右键时，电源工作在 SERIES（串联）跟踪模式下。CH1 输出端子的负端与 CH2 输出端子的正端自动连接，此时 CH1 和 CH2 的输出电压和输出电流完全由主路 CH1 路调节旋钮控制，电源输出电压为 CH1 和 CH2 两路输出电压之和。

（3）当同时按下两个键时，电源工作在 PARALLEL（并联）跟踪模式下。CH1 输出端子与 CH2 输出端子自动并联，输出电压与输出电流完全由主路 CH1 路控制，电源输出电流为 CH1 与 CH2 两路之和。

二、输出工作方式

1. 独立模式

在独立模式下，CH1 和 CH2 为完全独立的两组电源，可单独或同时使用：

（1）打开电源，确认【OUTPUT】开关置于关断状态。

（2）同时将两个【TRACKING】选择按键弹出，电源将工作在独立模式下。

（3）调整电压和电流旋钮至所需电压和电流值。单路最大只能输出 32 V，如果有时调压旋钮不能正常工作（即电压不随着调压旋钮变化），应调节电流旋钮，将电流调大。

（4）将红色导线插入输出端的正极。

（5）将黑色导线插入输出端的负极。

连接负载后，打开【OUTPUT】开关。

独立电源输出连接方式请参照图 2-29。

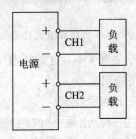

图 2-29　独立电源输出的连接方式

2. 串联跟踪模式

当选择串联跟踪模式时，CH2 输出端正极将自动与 CH1 输出端子的负极相连接。而其最大输出电压（串联电压）即由两组（CH1 和 CH2）输出电压串联成一组连续可调的直流电压。调整 CH1 电压控制旋钮即可实现 CH2 输出电压与 CH1 输出电压同时变化。其操作过程如下：

（1）打开电源，确认【OUTPUT】开关置于关断状态。

（2）按下【TRACKING】左边的选择按键，弹出右边按键，将电源工作模式设定为串联跟踪模式。

（3）将 CH2 电流控制旋钮顺时针旋转到最大，CH2 的最大电流的输出随 CH1 电流设定值而改变。根据所需工作电流，调整 CH1 电流旋钮，合理设定 CH1 的限流点（过载保护）（实际输出电流值则为 CH1 或 CH2 电流表头读数）。

（4）使用 CH1 电压控制旋钮调整所需的输出电压（实际的输出电压值为 CH1 表头与 CH2 表头显示的电压之和）。

（5）假如只需单电源供应，则将导线一端接到 CH2 的负端，另一端接 CH1 的正端，而此两端可提供 2 倍主控输出电压显示值，如图 2 - 30 所示。

图 2 - 30　两路串联电源输出

（6）假如想得到一组共地的双极性正、负电源，则按图 2 - 31 所示的接法，将 CH2 输出负端（黑色端子）当做共地点，则 CH1 输出端正极对共地点，可得到正电压（CH1 表头显示值）及正电流（CH1 表头显示值）；而 CH2 输出负极对共地点，则可得到与 CH1 输出电压值相同的负电压，即所谓追踪式串联电压。

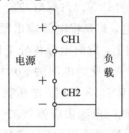

图 2 - 31　双极性正、负电源输出

（7）连接负载后，打开【OUTPUT】开关，即可正常工作。

3. 并联跟踪模式

在并联跟踪模式下，CH1 输出端正极和负极会自动地和 CH2 输出端正极和负极两两相互连接在一起。

（1）打开电源，确认【OUTPUT】开关置于关断状态。

（2）将【TRACKING】的两个按钮都按下，将电源工作模式设定为并联跟踪模式。

（3）在并联跟踪模式下，CH2 的输出完全由 CH1 的电压和电流旋钮控制，并且跟踪于 CH1 输出电压，因此从 CH1 电压表或 CH2 电压表可读出输出电压值。

（4）因为在并联跟踪模式时，CH2 的输出电流完全由 CH1 的电流旋钮控制，并且跟踪于 CH1 输出电流，所以用 CH1 电流旋钮来设定并联输出的限流点（过载保护）。电源的实际输出电流为 CH1 和 CH2 两个电流表头指示值之和。

（5）使用 CH1 电压控制旋钮调整所需的输出电压。

（6）将负载的正极连接到电源的 CH1 输出端的正极（红色端子）。

（7）将负载的负极连接到电源的 CH1 输出端的负极（黑色端子），请参照图 2 - 32。

（8）连接负载后，打开【OUTPUT】开关。

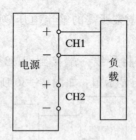

图 2-32 两路并联跟踪电源输出

三、电源稳压／稳流的特性

该直流稳定电源的工作特性为稳压/稳流自动转换：即当输出电流达到预定值时，可自动将电源的稳压状态转变为稳流状态，反之亦然。而稳定电压和稳定电流交点称为转换点。例如，有一负载使电源工作在稳定电压状态下，此时输出电压稳定在一额定电压点，若增加负载直到限流点的界限，在此点，输出电流成为稳定电流，且输出电压将有微量甚至更多的下降。前面板的 C.C.灯(红灯)亮时，表示电源工作在稳流状态。

同样地，当负载减小时，电压输出渐渐恢复至一稳定电压，交越点将自动地将稳定电流转变为稳定电压，此时前面板上的 C.V.灯(绿灯)亮。

例如，要为 12 V 的蓄电池充电，首先将电源输出预设为 13.8 V，亏电的蓄电池形同一个非常大的负载置于电源输出端上，此时电源将处于稳流源状态，然后调整电源调节旋钮，使蓄电池充电的额定电流为 1 A，此时电源的显示电压为蓄电池的电压，蓄电池的电压会渐渐升高。当蓄电池电压升高至 13.8 V 时，电压就不会再升高，而电池充电电流就不会恒定在额定电流，会逐渐下降，此时电源供应器将工作于稳压源状态。从以上例子就可看出电源稳流源/稳压源交越特性，即当输出电压达到预定值时，就自动将稳定电流变为稳定电压。

2.5 示 波 器

2.5.1 示波器的基础知识

一、示波器的功能

示波器是一种测量电压和时间的电子测量仪器，其可以在无干扰的情况下检查输入信号，并以图形方式采用简单的电压与时间格式显示这些信号。

二、示波器的分类

示波器按性能特性一般可分为两大类：

1. 模拟示波器

模拟示波器有如下特点：

(1) 操作直接——全部都在面板上操作，波形反应及时；

(2) 垂直分辨率高——连续而且无限级；

(3) 数据更新快——每秒捕捉几十万次波形。

2. 数字存储示波器

与传统的模拟示波器相比,数字存储示波器利用数字电路和微处理器来增强对信号的处理能力、显示能力以及模拟示波器没有的存储能力。数字存储示波器的基本工作原理框图如图 2 - 33 所示。

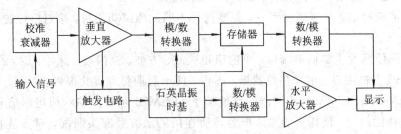

图 2 - 33 数字存储示波器的基本工作原理框图

当信号通过校准衰减器和垂直放大器后,到达模/数转换器。模/数转换器将模拟输入信号的电平转换成数字量,并将其放到存储器中。存储该值的速度由触发电路和石英晶振时基信号来决定。数字处理器可以在固定的时间间隔内进行离散信号的幅值采样。接下来,数字存储示波器的微处理器将存储的信号读出,同时对其进行数字信号处理,并将处理过的信号送到数/模转换器,然后由数/模转换器的输出信号去驱动垂直放大器。数/模转换器也需要一个数字信号存储的时钟,并用此驱动水平放大器。与模拟示波器类似,在垂直放大器和水平放大器两个信号的共同驱动下,完成待测波形的测量结果显示。数字存储示波器显示的是上一次触发后采集的存储在示波器内存中的波形,这种示波器不能实时显示波形信息。

限于篇幅,本书只介绍数字存储示波器(以下简称数字示波器)的使用方法。

2.5.2 数字存储示波器的使用

KEYSIGHT 2000X 是一种小型、轻便式的四通道数字存储示波器,如图 2 - 34 所示,下面以它为例,进行介绍。

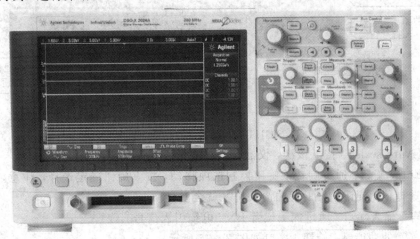

图 2 - 34 KEYSIGHT 2000X 数字存储示波器

一、面板各功能键、旋钮、接口介绍

（1）电源开关：控制数字存储示波器的开、关。

（2）【Back】：返回/向上键，按下该键，软键菜单层次结构向上移动。在层次结构顶部，按返回/向上键，将关闭菜单，改为显示示波器信息。

（3）功能选择键：在测试过程中，需要选择不同的测试功能时，按对应位置的按键，便可以进行选择。

（4）内部任意发生器输出端口：可输出正弦波、方波、锯齿波、脉冲、DC 或噪声。

（5）USB 主机接口：用来存数数据、图像，便于后期整理实验报告。

（6）DEMO1、DEMO2 和示波器的接地端子：DEMO1 可输出演示或培训信号，DEMO2 可输出探头补偿信号，使探头的输入电容与所连接的示波器探头匹配，对于连接到 DEMO1 或 DEMO2 的示波器探头，需要连接到接地端子。

（1）～（6）的功能键，接口如图 2-35 所示。

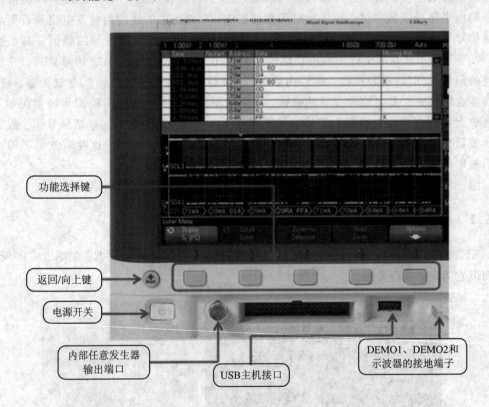

图 2-35　KEYSIGHT 2000X 数字存储示波器面板结构图一

（7）【Auto scale】：按下该键，仪器自动将波形设置为最佳。

（8）Entry 旋钮：通过旋转该旋钮控制选项移动，按下旋钮确定选择。注意，若 Entry 旋钮用于选择值，旋钮上方的弯曲箭头符号就会变亮。

（9）信号输入端口：通过探头或者 BNC 电缆引入信号。

（7）～（9）的功能键、旋钮、接口如图 2-36 所示。

（10）水平控制区。

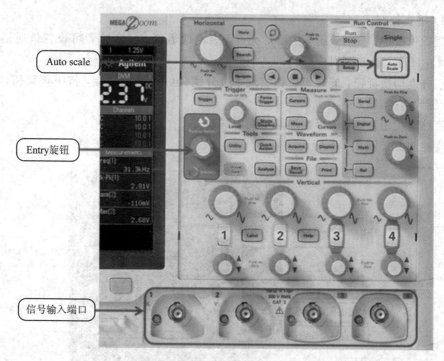

图 2-36 KEYSIGHT 2000X 数字存储示波器面板结构图二

水平缩放旋钮:旋转该旋钮,实现水平时基的缩放,按下该旋钮,可在粗调/细调之间切换。

水平平移旋钮:旋转该旋钮,实现波形水平平移。

【Horiz】:按下该键,可打开"水平设置菜单",实验者可在其中选择 XY 和滚动模式(即常用模式,此时水平方向为时间,垂直方向为电压)、启用或禁用缩放、启用或禁用水平时间/格微调,以及选择触发时间参考点,水平控制区如图 2-37 所示。

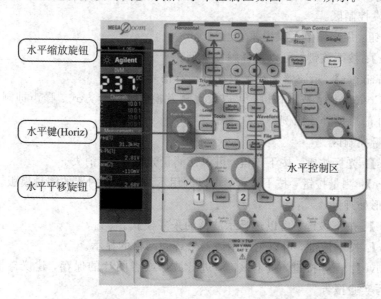

图 2-37 KEYSIGHT 2000X 数字存储示波器面板结构图三

（11）垂直控制区。

通道标识按键：按下该键，指示灯亮起，表示通道打开，实验者可设置该通道相应参数，同时在屏幕上会看到对应颜色的迹线。

垂直分度切换旋钮：旋转该旋钮实现垂直分度（电压）缩放功能，按下该旋钮，可以实现粗调/细调切换。

垂直移动旋钮：控制波形在屏幕上上下移动。

垂直控制区如图 2-38 所示。

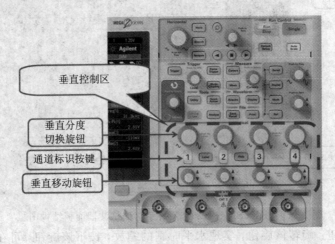

图 2-38 KEYSIGHT 2000X 数字存储示波器面板结构图四

（12）【Run/Stop】：控制示波器的运行和停止。

（13）【Single】：单次运行按下以后，示波器满足触发条件之后，采集一次信号便停止运行。

（14）【Default Setup】：按下该键，示波器恢复出厂设置。

（15）触发控制区。

Level 旋钮：用来调节触发电平。

【Trigger】：按下该键，可以选择触发类型。

【Force Trigger】：示波器强行触发捕捉现有信号。

【Mode/Coupling】：按下该键，可以设置触发模式、耦合方式、噪声抑制、高频抑制、释抑时间和外部探头衰减比例等。

（16）测量控制区。

【Cursors】：光标按键，按下该键，可以使测量光标显示/消失。

【Measure】：测量按键，按下该键，可以调用示波器本身内置的测量模版。

（17）波形处理区。

【Acquire】：按下该键，可以选择示波器的采集模式。

【Display】：按下该键，可以更改示波器余辉和网格的显示。

（18）【Save】：保存按键，按下该键，进行波形或者图片的保存，建议自带 U 盘保存，便于后期书写实验报告。

（12）～（18）的功能键、旋钮、接口如图 2-39 所示。

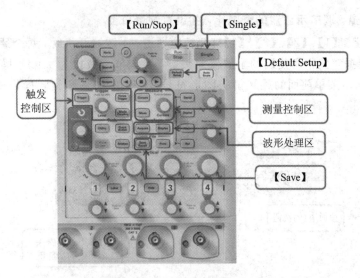

图 2-39 KEYSIGHT 2000X 数字存储示波器面板结构图五

二、示波器的基本操作步骤

1. 准备工作

在实验开始之前，请检查仪器和电缆接头是否完好，然后将信号发生器通过 BNC(f)-BNC(f)电缆将信号引入示波器中，如图 2-40 所示，同时设置信号发生器输出为正弦波，峰峰值为 2 V，频率为 1 kHz。

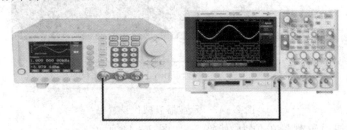

图 2-40 信号发生器与示波器信号连接图

按示波器面板上的【Help】键，在屏幕下方"Language"选项处按一下功能键，然后通过 Entry 旋钮选择中文简体，再按一下 Entry 旋钮确定，如图 2-41 所示。

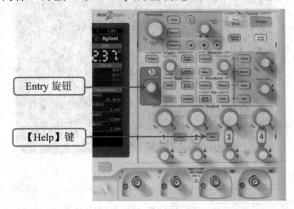

图 2-41 示波器语言设置

2. 打开通道，调节示波器的衰减比，并设置测量单位

先按下数字键【1】、【2】、【3】、【4】打开相应通道。示波器开机时，每个通道的默认衰减比为 10：1，根据实验中所使用的示波器探头，需要调节衰减比为 1：1。操作时需要注意的是：只有当功能菜单前面的旋转箭头图形符号变亮时，按下和旋转操作旋钮才起作用，如图 2-42 和图 2-43 所示。

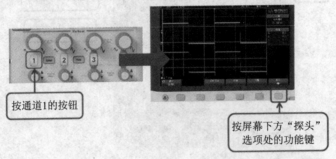

图 2-42　示波器衰减比设置一

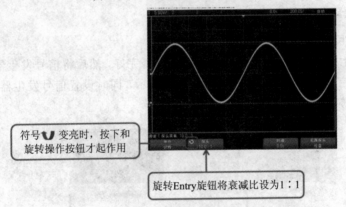

图 2-43　示波器衰减比设置二

用 Entry 旋钮设置测量单位为"伏特"，如图 2-44 所示。

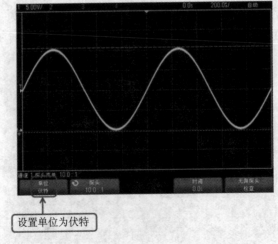

图 2-44　示波器测量单位的设置

3. 选择通道耦合方式

按下【Back】键返回上一层菜单后,设置通道耦合方式。实验者可选择 DC 耦合或 AC 耦合,如果选择 DC 耦合,信号的交流和直流分量都进入通道;如果选择 AC 耦合,将会移除信号的 DC 分量,如图 2-45 所示。

通道耦合

图 2-45　示波器通道耦合方式

4. 参数的测量

在测量参数之前需将波形稳定地显示在屏幕上。实验者可按下【Auto Scale】键,示波器会自动将扫描到的信号显示在屏幕上(相应通道必须打开)。需要注意的是,如果输入信号过小或噪声过大,示波器难以稳定显示波形,此时可参看第 5 部分"波形稳定度调节"相关内容调整示波器设置。示波器可自动测量,也可使用游标进行手动测量。下面先介绍自动测量。

(1) 按下【Meas】(测量)键,以显示"测量菜单",如图 2-46 所示。

图 2-46　示波器测量菜单

(2) 按下〖类型〗软键,然后旋转 Entry 旋钮以选择要测量的类型,如图 2-47 所示。

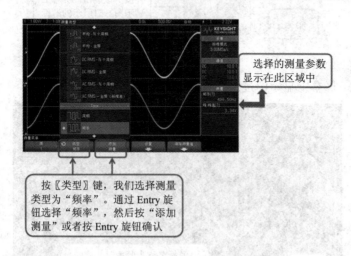

选择的测量参数显示在此区域中

按〖类型〗键,我们选择测量类型为"频率"。通过 Entry 旋钮选择"频率",然后按"添加测量"或者按 Entry 旋钮确认

图 2-47　示波器测量类型选择

利用同样的方法,我们可以快速地完成周期和峰峰值的测量。要停止一项或多项测量,可按下〖清除测量值〗软键,选择要清除的测量值,或按下〖清除全部〗软键,如图 2-48 所示。清除了所有测量值后,如果再次按下【Meas】(测量)键,则默认测量频率和峰峰值。

图 2-48　清除测量值

（3）全部快照功能。全部快照功能位于"类型"的最上部，选择该项后，会把所有的量显示出来，如图 2-49 所示。

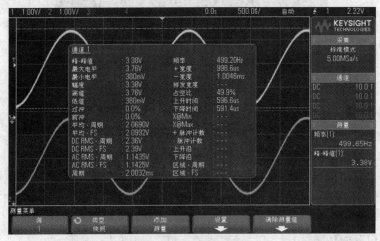

图 2-49　全部快照功能

（4）游标的测量。主要用 Cursors 旋钮进行游标的测量，如图 2-50 所示。

图 2-50　Cursors 旋钮

按下该旋钮，屏幕上显示的迹线游标如图 2-51 所示。

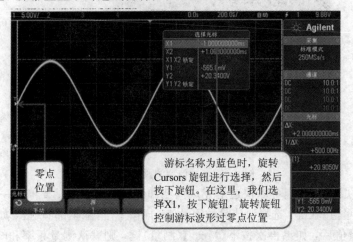

图 2-51　游标选择

屏幕游标光标区会自动显示出 X2 与 X1 的差值，并且会对 ΔX 取倒数，自动将周期换算到频率，利用同样的方法控制游标可以测量 Y1 与 Y2 的差值（图中 Y1 与 Y2 分别处于波峰和波谷的位置，因此 Y1 与 Y2 的差值为峰峰值），如图 2-52 所示。

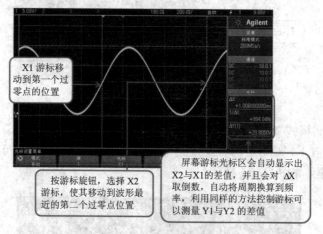

图 2-52　游标的测量

5. 波形稳定度的调节

当输入信号较小、噪声较大时，波形不容易稳定，可进行如下调节：

（1）按下【Mode/Coupling】（触发/耦合）模式选择键，如图 2-53 所示。

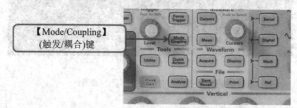

图 2-53　【Mode/Coupling】键

（2）根据信号的具体情况选择"噪声抑制"或"高频抑制"模式：在一般情况下，当信号频率低于 50 kHz 时，两种模式都可以选择；当信号频率高于 50 kHz 时，只能选择"噪声抑制"模式，如图 2-54 所示。

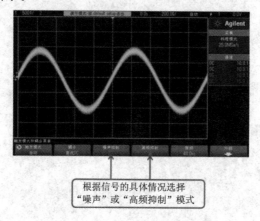

图 2-54　触发耦合模式的选择

（3）按下【Acquire】（采集）键，如图 2 - 55 所示。

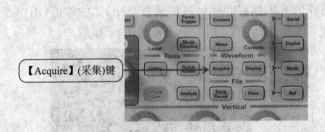

图 2 - 55 【Acquire】键

（4）按下〖采集模式〗软键，然后旋转"输入"旋钮以选择"平均"模式。"平均"模式是指在所有时间/格设置下，对指定的触发数进行平均值计算。使用此模式可减小噪声，增大周期性信号的分辨率，如图 2 - 56 所示。

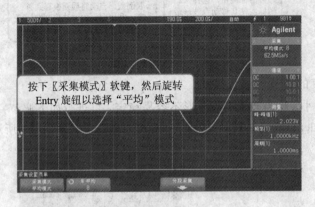

图 2 - 56 波形稳定度的调节

第 3 章 元 器 件 知 识

3.1 电 阻 器

3.1.1 概述

电子在物体内定向运动时会遇到阻力，这种阻力就称为电阻。在电工和电子技术中，应用的具有这种电阻特性的实体元件就称为电阻器，简称电阻，用字母 R 表示，其基本单位是 Ω。

电阻器在电路中对电流起阻碍作用，主要用来控制电压和电流，即用做电路的负载、分压、分流、限流、隔离、匹配和信号幅度调节等。

3.1.2 电阻器的分类

电阻器按使用功能可分为固定电阻器、可变电阻器和特殊电阻器。固定电阻器的电阻是固定不变的，常简称为电阻；可变电阻器的电阻值可在一定范围内调节，电位器是应用最广的可变电阻器；敏感电阻器的阻值是随外界条件的变化而变化的，如热敏电阻器、光敏电阻器等。它们在电路图中的图形符号如图 3 - 1(a)、(b)、(c)所示。

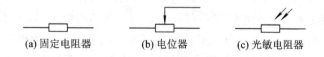

(a) 固定电阻器　　(b) 电位器　　(c) 光敏电阻器

图 3 - 1　电阻器在电路图中的图形符号

电阻器按制造工艺和材料可分为合金型、薄膜型和合成型电阻器。薄膜型电阻器又分为碳膜、金属膜和金属氧化膜电阻器等。

3.1.3 电阻器的参数

电阻器的主要技术指标有标称电阻值、允许误差、额定功率、最大工作电压、温度系数和噪声等。这些指标是选取和检测电阻器的重要参数，应对其有清楚的认识。下面对其中主要的 4 个参数进行介绍。

1. 标称电阻值

标称电阻值是指标注在电阻体上的电阻值。这是由国家 GB 2471 - 1981 标准规定的系列电阻值，不同精度等级的电阻器有不同的阻值系列，见表 3-1。

表 3-1　电阻器的标称电阻系列

阻值系列	精度	精度等级	电阻器标称值
E24	±5%	I	1.0 1.1 1.2 1.3 1.5 1.6 1.8 2.0 2.2 2.4 2.7 3.0 3.3 3.6 3.9 4.3 4.7 5.1 5.6 6.2 6.8 7.5 8.2 9.1
E12	±10%	II	1.0 1.2 1.5 1.8 2.2 2.7 3.3 3.9 4.7 5.6 6.8 8.2
E6	±20%	III	1.0 2.2 3.3 4.7 6.8

注：实际使用时，将表 3-1 中所列标称数值乘以 10^n（n 为整数），如 E24 中的"1.1"，包括 1.1 Ω、11 Ω、110 Ω、1.1 kΩ、11 kΩ、110 kΩ、1.1 MΩ 等阻值系列。

标准系列除了 E24、E12、E6 以外，还有三个精密系列：E192、E96、E48。这里就不再一一列出其相应的电阻标称值，如有兴趣可参看《精密电阻器标准称阻值系列、精密电容器标准容量系列及其允许偏差系列》。

2. 允许误差

电阻器的允许误差是指实际阻值对于标称阻值的允许最大误差范围，它表示产品的精度。允许误差有两种表示方式：一种是用文字符号将允许误差直接标注在电阻器的表面（见表 3-2）；另一种是用色环表示（色环表示法将在 3.1.4 节中进行详细介绍）。

表 3-2　电阻器允许误差等级

允许误差	±0.5%	±1%	±2%	±5%	±10%	±20%
级别	005	01	02	I	II	III
标准系列	E192	E96	E48	E24	E12	E6

3. 额定功率

电阻器通电工作时，会把电能转换成热能，并使自身温度升高，如果温度升得过高会将电阻器烧毁。因此，根据电阻器的材料和尺寸，对电阻器的功率损耗要有一定的限制，保证其安全工作的功率值就是电阻器的额定功率。在选用电阻器时，应使其额定功率高于电路实验要求的功率。表 3-3 为常用碳膜和金属膜电阻器外形尺寸和额定功率的关系。

表 3-3　碳膜和金属膜电阻器的外形尺寸和额定功率的关系

额定功率 /W	碳膜电阻器		金属膜电阻器	
	长度/mm	直径/mm	长度/mm	直径/mm
1/16	8	2.5		
1/8	11	3.9	6~8	2~2.5
1/4	18.5	5.5	7~8.3	2.5~2.9
1/2	28.0	5.5	10.8	4.2
1	30.5	7.2	13.0	6.6
2	48.5	9.5	18.5	8.6

4. 最大工作电压

电阻器在不发生电击穿、放电等现象时，其两端能够承受的最高电压，称为最大工作电压 U_m。由额定功率和标称阻值可计算出一个电阻在达到额定功率时，其两端所加的电压为 U_p。因为电阻器的结构、材料、尺寸等因素决定了它的抗电强度，所以即使其工作电压小于 U_p，但若超过 U_m，电阻器也会被击穿，使电阻器变值或损坏。

3.1.4　电阻器阻值的表示方法

额定功率较小的电阻器一般由其尺寸表示，但额定功率较大的，则一般将额定功率直接印在电阻器表面。电阻器的电阻值及允许误差一般都标在电阻器上的，其标注的方法有直标法、文字符号法和色标法三种。

1. 直标法

直标法就是用阿拉伯数字、单位符号和百分比符号直接在电阻器表面标出电阻值和允许误差，如：$4.7 \text{ k}\Omega \pm 10\%$，$910 \ \Omega \pm 5\%$。

2. 文字符号法

文字符号法的组合规律如下：

（1）电阻值：用符号 Ω、K、M 前面的数字表示电阻值的整数位，后面的数字表示小数点后的小数位。这样，可以避免小数点被蹭掉而误读标记。

（2）允许误差：用 J、K、M 分别表示 $\pm 5\%$、$\pm 10\%$、$\pm 20\%$。

例如：$3\Omega3\text{K}$ 表示 $3.3\Omega \pm 10\%$。

3. 色标法

对于尺寸较小，无法在表面直接标注文字或数字的电阻器，一般都采用色标法对其阻值和允许误差进行标注。色码标注的电阻器表面有不同颜色的色环，每种颜色对应于一个数字；色环根据位置不同，可表示为有效数字、乘数或允许误差。各颜色所对应的数值见表 3-4。

表 3-4　色码对应数值表

颜　色	有效数字	乘　数	允许误差/（±%）
棕	1	10^1	1
红	2	10^2	2
橙	3	10^3	
黄	4	10^4	
绿	5	10^5	0.5
蓝	6	10^6	0.25
紫	7	10^7	0.1
灰	8	10^8	
白	9	10^9	
黑	0	10^0	
金		10^{-1}	5（仅用于 4 色环）
银		10^{-2}	10（仅用于 4 色环）
无色			20（仅用于 4 色环）

电阻器的国际色标分为 4 色环和 5 色环。普通精度(即标准系列 E6、E12、E24)的电阻器用 4 色环标注法,精密型(即标准系列 E48、E96、E192)电阻器用 5 色环标注法。标注方式如图 3-2 所示,概括来讲,4 色环其有效数字仅有两位,5 色环其有效数字则有三位,然后紧接着的就是乘数位,最后的是误差位。

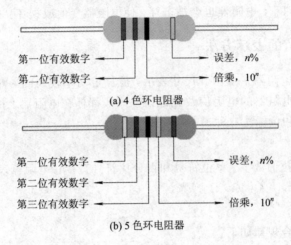

图 3-2　电阻器的色标标注法

色环的识别,可以先确定误差环,误差环的间距比其他环间距要宽。确定误差环后,从另外一端第一道色环读起:第 1 色环表示电阻值的第 1 位有效数字,第 2 色环表示电阻值的第 2 位有效数字,第 3 色环表示电阻值的第 3 位有效数字(4 色环标注法时,则表示电阻器的乘数),第 4 色环表示电阻值前 3 位有效数字所组成的 3 位数乘以 10^n(4 色环标注法时,则表示电阻器的允许误差)。由表 3-4 不难发现,对于 4 色环来说,出现了金色、银色和无色色环的位置,必定是误差标注位所在。图 3-3 所示电阻的值是 4.7 kΩ,误差为 ±1%。注意:有些电阻由于工艺的问题,色环间距不明显,无法确定从哪端读起,此时也只有借助万用表测量其大小了。

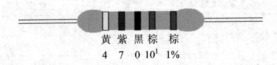

黄　紫　黑　棕　　棕
4　7　0 10^1　1%

图 3-3　电阻器的色标标注示例

3.1.5　几种特殊的电阻器简介

1. 电位器

电位器是一种连续可调的可变电阻器。电位器一般有三端:两个固定端、一个滑动端。电位器的标称值是两个固定端上的电阻值,滑动端可在两个固定端之间的电阻体上滑动,使滑动端与固定端间的电阻值相应地在标称值范围内变化。电路图中电位器用字母 R_p 表示,图形符号及外形如图 3-1 所示。

电位器在电路中常用于电位调节、分压器、增益调节、音量控制、晶体管静态工作点微调等。

2．电阻网络

电阻网络又称排电阻或集成电阻器。它是将按一定规律排列的分离电阻器集成在一起的组合型电阻器。电阻网络具有体积小、安装方便等优点，故被广泛应用于电子产品中，通常与大规模集成电路配合使用。其封装方式主要有单列式（SIP）和双列直插式（DIP）两种。

3．敏感型电阻器

敏感型电阻器都是用特殊材料制造的，它们在常态下的阻值是固定的，当外界条件发生变化时，其阻值也随之发生变化。常见的有热敏和光敏电阻器等，电器符号如图 3-4、图 3-5 所示。

图 3-4　热敏电阻器　　　　　　　　　　　图 3-5　光敏电阻器

3.1.6　电阻器的选取

电阻器的选取应从电阻器的各技术指标进行考虑：

1．电阻值

所选电阻器的电阻值应根据电阻器在电路中的作用，选择较接近其在电路中计算值的电阻值，且应优先选用标准系列的电阻器。

2．允许误差

对于一般晶体管的偏置电阻、RC 时间常数电阻，要求其电阻值稳定、误差小，可选误差为 $\pm 5\% \sim \pm 10\%$（即Ⅱ、Ⅲ级）的电阻；对用于负载、滤波、退耦、反馈的电阻器，对误差要求较低，可以选择误差 $\pm 10\% \sim \pm 20\%$（即Ⅰ、Ⅱ级）的电阻；对于仪表、仪器电路，应选用精密电阻（即 01、02、005 级）。

3．额定功率

电阻器的额定功率应大于电阻器在电路中所消耗的功率。通常情况下，为了保证电阻器长期可靠使用，所用电阻器的额定功率应是实际最大功率的 1.5～2 倍。

4．最大工作电压

选定额定功率后，便可以根据公式 $U_m = \sqrt{P_m/R}$ 计算出电阻器在电路中的最大工作电压。

3.1.7　电阻器的检测

电阻器的检测一般采用以下方法：

（1）外观检查法。因为电阻器过流时易引起电阻器变色、烧焦或其他损坏，所以要检测电阻器好坏，可以首先从其外观上进行判别。如发现电阻器发黑、发焦或变色，则直接认定电阻器已坏。

（2）万用表检测法。用万用表检测电阻器时，先根据电阻器电阻值标称值，选择与标称值接近但略大于标称值的电阻挡量程。如果使用的是模拟万用表，每次换量程必须要对万用表重新调零。同时，要注意人体电阻值(大约几百千欧至数兆欧)的影响，在测试电阻器时，手指不能接触电阻器的引脚和表笔金属部位。若要精确检测在电路上的电阻器，必须要把电阻器的其中一端焊下，使其与电路断开，并将整个电路断电，方可测量。假设用万用表测量的阻值为 R'，电阻器的标称值为 R，可对两者进行比较分析，以对电阻器好坏做出判断：

(1) $R' \approx R$，两者差值在误差允许范围以内，则电阻器是好的；如果差值超过误差允许范围，则表明不合格；

(2) R' 为无穷大，差值超过误差允许范围，则电阻器已断路；

(3) $R' = 0$，差值超过误差允许范围，则电阻器短路。

另外，检测电位器时，不仅要检测电位器两固定端间的电阻值，还要测量电位器的滑动端与固定端间的电阻值是否可调，才能断定电位器的好坏。

3.2 电 容 器

3.2.1 概述

电容器简称电容，是一种能存储电荷或电场能量的元件。它是电路中常用的电子元器件之一，具有充、放电的特点，能够实现通交流、隔直流，因此，常用于隔直流、耦合、旁路、滤波、去耦、移相、谐振回路调谐、波形变换和能量转换等电路中。电容器的电路图形符号如图 3-6 所示。

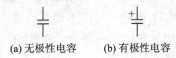

(a) 无极性电容　　(b) 有极性电容

图 3-6　电容的电路图形符号

电容器存储电荷能力称为电容量，用 C 表示，单位为 F(法拉)。在实际使用中，常用"微法(μF)"和"皮法(pF)"。它们的关系为

$$1 \text{ F} = 10^3 \text{ mF} = 10^6 \text{ } \mu\text{F} = 10^9 \text{ nF} = 10^{12} \text{ pF}$$

3.2.2 电容器的分类

电容器的种类繁多。若按结构不同，电容器可分为固定电容器、可变电容器和微调电容器，其在电路中的图形符号如图 3-6 所示。

电容器的性能、外部结构和用途在很大程度上取决于其所用的电介质，因此按介质材料分类是常见的电容器分类方法，大致可分为以下几类：

(1) 有机介质，如纸介电容器、塑料电容器、有机薄膜电容器。

(2) 无机介质，如云母电容器、玻璃釉电容器、陶瓷电容器。

(3) 气体介质，如空气电容器、真空电容器、充气电容器。

(4) 电解质，如普通铝电解电容器、钽电解电容器、铌电解电容器。

3.2.3 电容器的主要参数

1. 标称容量和精度

电容器的标称容量采用的是 IEC 标准系列,同电阻器一样,一般采用 E6、E12、E24 系列,E48、E96、E192 系列适用于精密电容。

2. 额定工作电压

额定工作电压,是电容器在规定的工作温度范围内,长期、可靠地工作所能承受的最高电压。若工作电压超出这个电压值,电容器就会被击穿损坏。电解电容器和体积较大的电容器的额定电压值直接标在电容器的外表面上,体积小的电容器的额定电压值只能根据型号判断。

注意,电容器上标明的额定工作电压,一般都是指电容器的直流工作电压,当将电容器用在交流电路中时,则应使所加的交流电压的最大值(峰值)不能超过电容器上所标明的电压值。

3. 漏电流和绝缘电阻

电容器的介质并不是绝对绝缘的,在一定的温度及电压条件下,会因漏电而产生电流,该电流就是漏电流。一般电解电容的漏电流比较大;无极性电容漏电流极小。

绝缘电阻是指电容器两极之间的电阻,或称漏电阻。绝缘电阻是直流电压 U 加于电容器上并产生漏电流 I 时,U、I 之比。因此,绝缘电阻越小漏电流越大,反之,绝缘电阻越大漏电流越小。显然,电容器的绝缘电阻越大,它的性能越好。正常的绝缘电阻的电阻值一般应在 5 GΩ 以上。

4. 电容器温度系数

当温度变化时,电容器的容量也会随之出现微小的变化,电容器的这种特性常用温度系数来表征。电容器温度系数是指在一定温度范围内,温度每变化 1℃ 时,电容量的相对变化量。

电容器温度系数主要与其结构和介质材料的温度系数等因素有关。通常,电容器温度系数值越大,电容量随温度的变化值也越大。反之,电容器温度系数越小,则电容量随温度的变化值越小。显然,电容器温度系数数值越小,电容器的质量越好。

5. 电容器的损耗

电容器在电路运行过程中能量的损失称为电容器的损耗,其主要来源于介质损耗和金属损耗。介质损耗是指漏电流引起的电导损耗、介质极化引起的极化损耗和电离损耗等;金属损耗是指金属的极板自身电阻、金属极板和引线端的接触电阻所引起的损耗。

通常用损耗角的正切值($\tan\delta$)来衡量电容器的损耗,$\tan\delta$ 越小越好。一般只有高要求的精密电路,才对 $\tan\delta$ 做要求,一般电路可对该参数不做考虑。

6. 频率特性

频率特性是指电容器工作在交流电路中时,其电容量等参数随频率变化而变化的特性。电容器最高工作频率一般跟电容器的介质材料有关。常用的电解电容器容量较大,但工作频率较低,只能在低频电路中使用;云母电容或瓷介电容器容量较小,但工作频率较高(云母电容器为 75~250 MHz,瓷介电容器最高可达 8000~10 000 MHz,最低也能达到

$50\sim70$ MHz），可用于高频电路中。

电容器除了以上 6 个主要参数以外，还有一些其他参数，因使用较少，故而不再进行介绍。

3.2.4 电容器容量的表示方法

电容量的表示方法有很多，总的可以归纳成三类：直接标注法、色环标注法、色点标注法。色环标注法跟电阻的色环标注法相似，顺着电容的引线方向，第一、二环表示有效数字，第三环表示倍乘 10^n，第四环表示误差（也可能无色），表 3-5 是电容器色环对应数值表；色点标注法使用较少；故下面对广泛使用的直接标注法进行介绍。

表 3-5 电容器色环对应数值表

颜色	有效数字	乘数	允许误差/(%)	工作电压/V
银	—	10^{-2}	±10	—
金	—	10^{-1}	±5	—
黑	0	10^0	—	4
棕	1	10^1	±1	6.3
红	2	10^2	±2	10
橙	3	10^3	—	16
黄	4	10^4	—	25
绿	5	10^5	±0.5	32
蓝	6	10^6	±0.2	40
紫	7	10^7	±0.1	50
灰	8	10^8	—	63
白	9	10^9	$+50\ -20$	—
无色	—	—	±20	—
色码电容器举例	引线方向 黄紫橙 47×10^3 pF=0.047 μF		引线方向 棕绿黄银 15×10^4 pF$\pm10\%$ pF	

直接标注法比较简单，多用于体积稍大的电容器（对于电解电容器，还会标明极性，一般是引脚长的为正极，外皮上标有"—"的为负极）。

1. 数字和字母表示法

数字和字母表示法用数字表示有效值，用 p、n、μ、m、M、G 等字母表示量级。标注数值时不用小数点，整数部分在字母前，小数部分在字母后。如 3p3 表示 3.3 pF，4n7 表示 4.7 nF=4700 pF，2m2 表示 2.2 mF=2200 μF，M1 表示 0.1 μF，1 G 表示 1000 μF。

2. 数字表示法

数字表示法只用数字来表示电容值。用大于 1 的数字表示电容值，则数字后面带上单位"pF"，如 33、6800 分别表示 33 pF、6800 pF；用小于 1 的数字表示电容值，则是用"μF"作单位，如 0.47、0.22，表示 0.47 μF、0.22 μF。

3. 三位数码表示法

三位数码表示法只用三位数码表示电容值，前两位是有效数字，后一位表示有效数字应乘以 10^n，单位为"pF"。如 220 表示 22×10^0 pF，101 表示 100 pF。在这种表示法中有几种情况：

（1）三位数码后面如果有字母，则表示误差。D 为 $\pm 0.5\%$，F 为 $\pm 1\%$，G 为 $\pm 2\%$，J 为 $\pm 5\%$，K 为 10%，M 为 $\pm 20\%$；

（2）如果第三位数字为 9，则表示的是 10^{-1}，这种表示法仅限于表示 1～9.9 pF 的电容。例如：103 表示 1000 pF，229 表示 2.2 pF。

电容器识别举例如图 3-7 所示。

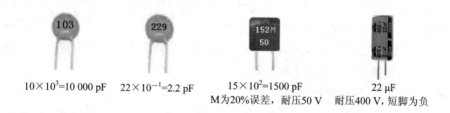

图 3-7　电容器识别举例

3.2.5　电容器的选取

电容器的种类繁多，应根据电路的需要，考虑以下因素合理选择。

1. 选择合适的介质

电容器的介质不同，性能差异很大，选用时应充分考虑电容器在电路中的用途和实际电路要求。一般电源滤波、低频耦合、去耦、旁路等，可选用电解电容器；高频电路应选用云母或高频瓷介电容器。

2. 选择合理的容量

因为不同精度、容量的电容器的价格相差较大，所以对于精度要求不高的电路，如用于旁路、去耦和低频耦合的电容器，可以选用容量与实际需要相近或容量较大的电容器；在精度要求高的电路中，应按实际计算值选用。确定电容器的容量时，要根据标称系列来选择。

3. 确定电容器的额定工作电压

电容器的额定工作电压应大于电容两端的直流工作电压加上交流电压的峰值。一般为了确保电容在连续使用中的可靠性、稳定性，应选择额定工作电压比实际工作电压高出 30%～40% 的电容器。对于实际工作电压稳定性较差的电路，可酌情选用额定工作电压更高的电容器。

注意，在装接有极性的电解电容时，应注意其正、负极不可接反。如果接反，当电压较大且工作时间较长时，电解电容器的氧化层将裂解，电解质显著发热，产生气体，从而可能会引起爆炸。

3.2.6 电容器的检测

电容器在电路中是比较容易发生故障的电子元器件，且其故障形式多种多样，如击穿、漏电、容量变值等。因此，对电容进行有效检测是至关重要的。

一、外观检测法

对在电路使用中的电容器，检测的第一步应当是观察其外观是否有异常。电容器最容易出现的故障是被击穿，电容被击穿后通常会出现裂缝；其次易出现的故障则是漏电，漏电会引起元件的温度升高。若温度升到 80℃，电容器的外包装就会有烧焦的迹象，且有烫手的触觉。

二、万用表检测法

现在有的数字万用表有电容挡，可以直接测量电容器的容量，实验者可以对照相应的万用表使用说明书进行测量，非常方便。这里主要介绍使用万用表的电阻挡检测电容器方法，这个方法主要是通过检测电容器的充、放电性能，以此来判断电容的好坏，而不能得到电容器详细的性能参数，请实验者注意。

1. 用模拟万用表检测电容器好坏

把万用表打到电阻挡"$R\times10k$"挡，然后用表笔碰触电容器的两个管脚，表上指针向电阻刻度"0"方向摆动一下后，再回到"∞"位置，则说明电容器是好的（如果电容容量较小，这个过程时间较短，请留意观察）。如果没有观察到此现象，则可以将表笔交换一下位置，再观察一次。

(1) 指针向"0"方向摆动一下，回到"∞"，说明电容器还是好的。

(2) 如果指针一直在"0"刻度附近，说明电容器已被击穿。

(3) 指针摆到某一刻度，不再回到"∞"，说明电容器有漏电现象。

(4) 指针不摆动，反复调换表笔测量均不摆动，说明电容器已经损坏。

在用模拟万用表检测电容器时，应注意以下几点：

(1) 0.01 μF 以下容值的电容器，由于容量太小，观察不到指针摆动，只能用万用表定性地检查其是否有漏电、击穿短路等。

(2) 检测电解电容器，要根据容量大小改变万用表电阻挡的量程：1～2.2 μF 的电解电容器用"$R\times10k$"挡；4.7～22μF 的电解电容器用"$R\times1k$"挡；47～220 μF 的电解电容器用"$R\times100$"挡；470～4700 μF 的电解电容器用"$R\times10$"挡；4700 μF 以上容值的，用"$R\times1$"挡。

2. 用数字万用表检测电容器好坏

用数字万用表检测电容器好坏方法较为简单，选择量程最大的电阻挡，用表笔接触电容器的两个管脚，观察显示屏上电阻值的变化，如果电阻值逐渐变大，直至超出量程，则说明电容器是好的。

3.3 电 感 器

3.3.1 概述

将绝缘的导线绕成一定圈数以加强电磁感应的线圈，就称为电感器，简称电感。在电路中用字符 L 表示，电路符号如图 3-8 所示。电感量的单位为"亨利"，简称"亨"，用 H 表示，它是电感通过电流产生的总磁通量 Φ 与此时电流 I 的比值。

(a) 空心电感　　(b) 磁芯电感　　(c) 磁芯可调电感

图 3-8　电感的电路符号

由于电压频率越高，线圈阻抗的越大，所以电感具有通直流、阻交流的特点，可用作调谐、滤波、阻流、陷波、高频补偿、阻抗匹配、延迟线等。如图 3-9 所示是部分实物图。

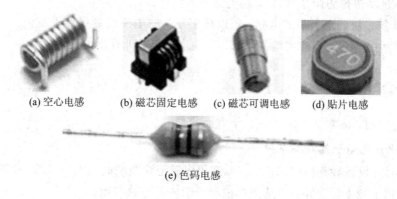

(a) 空心电感　　(b) 磁芯固定电感　　(c) 磁芯可调电感　　(d) 贴片电感

(e) 色码电感

图 3-9　电感实物图

3.3.2 电感的分类

电感按形式可以分为固定电感、可变电感；按导磁材料可以分成空心线圈、铁氧化心线圈、铁心线圈、铜心线圈电感等；按工作性质可以分为天线线圈、振荡线圈、阻流圈（扼流圈）、滤波线圈，天线线圈电感等。振荡线圈电感一般用于高频电路，扼流圈和滤波线圈电感则用于低频电路。

3.3.3 电感的主要参数

1. 标称电感值 L 和允许误差

国产 LG 型固定电感的标称值和误差登记，均采用与电阻、电容一样的 E 系列标准。不在标准系列内的电感，则可以根据实际设计需要自行绕制。一般地，绕制线圈的直径越大、绕的圈数越多，则电感值越大；有磁心比无磁心线圈的电感值要大很多。

2. 品质因数 Q

品质因数 Q 是衡量电感器质量的一个参数。由有电阻的导线绕制的电感存在电阻的一些特性，导致电能的消耗。品质因数就是电感在某一频率的交流电压下工作时，所呈现的感抗与其等效损耗电阻值比。电感的 Q 值越高，其损耗就越小，效率则越高。

3. 额定电流

额定电流是在一定的工作条件下，允许流过电感的最大工作电流。

4. 分布电容

线圈的匝与匝之间、线圈与磁心之间存在电容，即分布电容。分布电容的存在会使电感的 Q 值降低，稳定性变差，特别在高频电路中，对电路的影响很大，因而电感的分布电容越小越好。

3.3.4　电感值大小的标注方法

电感值大小的标注方法一般有：直接标注法、数字标注法和色环标注法。其读法和电阻一样，不过其单位为微亨（μH），这里就不再叙述。

对于某些无法确定大小的电感，可以采用专门的电感测量仪器来测量。如果没有测量仪器，可以利用"正弦电路"实验的方法进行测量，最后计算出电感值。

3.3.5　电感的选用

选用电感时，通常要考虑以下几个方面的情况。

1. 根据应用电路的频率选用

在 2 MHz 以下频率的电路中，一般选用多股绝缘线绕制的电感线圈，以减小 Q 值；对于 2 MHz 以上频率的电路，应选用单根导线制成的电感线圈。

2. 根据对品质因数的要求选用

电感的损耗与线圈骨架的材料、磁心有关。若电路需要较大的 Q 值，一般应选用高频瓷做骨架、磁心线圈的电感。

3. 根据所需电感量选用

要根据设计选择相应电感量的电感及额定电流，如在标准系列中没有符合要求的电感，可以自行绕制，绕制方法及指标详见《通用电子元器件的选用与检测》。

3.3.6　电感的检测

电感的检测，主要是检测电感量以及电感是否开路或短路。一般的万用表无法检测电感量，只有使用具有电感测量功能的专用万用表才能实现。但是电感的好坏，可以使用一般的万用表进行检测，用万用表的电阻挡检查电感的电阻值，正常时应有一定的电阻值，且电阻值与电感器绕组的匝数成正比；如果测得的电阻值为"0"，则说明电感内部短路；如测得的电阻值为"∞"，说明电感已经开路。

3.4 晶体二极管

3.4.1 晶体二极管的结构与特性

1. 晶体二极管的结构

如图 3-10 所示为晶体二极管的结构、电路符号和实物图。晶体二极管简称二极管，在电路中的文字符号为 VD。晶体二极管是利用 P 型和 N 型半导体构成 PN 结，加上两根电极引线做成管芯，并用管壳封装而成的。P 型区的引出线称为正极或阳极，N 型区的引出线称为负极或阴极。所谓半导体材料，就是锗(Ge)和硅(Si)，因此有锗二极管和硅二极管。

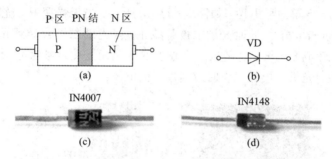

图 3-10　二极管的结构、电路符号和实物图

2. 晶体二极管的特性

晶体二极管最主要的特性就是单向导电特性。

（1）正向特性。当二极管的正极接电源电压的正极，负极接电源电压的负极时，晶体二极管导通，导通电流随着电压的变化而变化。电压很低时，电流很小，晶体二极管呈现出较大的电阻；当正向电压增加到一定数值时，晶体二极管电阻变小，电流随着电压的增加而快速上升，此时的电压叫做正向导通电压。锗二极管的导通电压为 0.2～0.3 V，硅二极管的导通电压为 0.6～0.7 V。

（2）反向特性。晶体二极管加反向电压时截止，反向电流小，且不随反向电压的增加而变大，这个电流就是反向饱和电流。若继续加大反向电压，其绝对值达到一定数值，反向电流会突然急剧增大，发生反向击穿现象，这时的电压称为反向击穿电压。对于一般的晶体二极管，反向击穿易烧毁管子；但对于稳压二极管，它利用的正是其反向击穿特性（即工作在反向击穿状态）。

3.4.2 晶体二极管的类型

晶体二极管按用途可以分为以下几种类型：

（1）整流二极管。该二极管是一种将交流电变成直流电的硅二极管，具有击穿电压高、反向漏电流小、散热性能好等特点。其工作频率一般为几十千赫。

（2）检波二极管。该二极管主要用来从已调波的高频信号中解调出调制信号。一般为锗二极管，它具有结电容小，反向电流小的特点。

（3）稳压二极管。稳压二极管又叫齐纳二极管，它是利用二极管反向击穿时，两端电压能固定在某一电压值上，不随电流的大小变化而发生变化的特性，即利用二极管的反向特性。因为稳压二极管反向击穿时，呈低阻状态，此时需要串联一个限流电阻来限制击穿后的电流大小，以免烧毁二极管。此类二极管通常用于稳压要求不高的场合。

（4）发光二极管（LED）。发光二极管是一种把电能转变成光能的半导体器件，如图 3-11(a)所示。其与普通二极管基本一样，只是在正向电压达到一定值时，二极管就会发光。LED 的正向导通电压与其颜色有关（颜色是根据所用材料不同而不同）：

① 普通绿色、黄色、红色、橙色 LED 的正向导通电压在 2 V 左右。

② 白色 LED 的正向导通电压一般高于 2.4 V。

③ 蓝色 LED 的正向导通电压一般高于 3.3 V

（5）光敏二极管。光敏二极管与普通二极管在结构上是类似的，其管芯是一个具有光敏特征的 PN 结，具有单向导电性，如图 3-11(b)所示。当无光照时，光敏二极管有很小的饱和反向漏电流（暗电流），此时光敏二极管截止。当光敏二极管受到光照时，饱和反向漏电流大大增加，形成光电流，它随入射光强度的变化而变化，因此可以利用光照强弱来改变电路中的电流。光敏二极管工作时应当加反向电压。

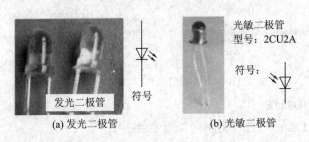

(a) 发光二极管　　　　　　　　(b) 光敏二极管

图 3-11　发光二极管和光敏二极管

（6）变容二极管。利用半导体 PN 结电容随外加反向电压的变化而制成的二极管称为变容二极管，其一般在反向偏压下工作。在高频调谐、通信等电路中用做可变电容器。

3.4.3　常用二极管的检测方法

一、普通二极管的检测

普通二极管包括检波二极管、整流二极管、阻尼二极管、开关二极管、续流二极管等。

二极管是由一个 PN 结构成的半导体器件，具有单向导电特性。通过用万用表检测其正、反向电阻值，可以判别出二极管的电极，还可估测出二极管是否损坏（以下为模拟万用表测量，数字万用表测量可以参见第 2 章仪器使用相关内容）。

1. 极性的判别

将万用表置于"$R \times 100$"挡或"$R \times 1k$"挡，两表笔分别接二极管的两个电极，测出一个结果后，对调两表笔，再测出一个结果。两次测量的结果中，有一次测量出的阻值较大（为反向电阻），一次测量出的阻值较小（为正向电阻）。在阻值较小的一次测量中，黑表笔接的是二极管的正极，红表笔接的是二极管的负极。

2. 单向导电性能的检测及好坏的判断

通常，锗二极管的正向电阻值为 1 kΩ 左右，反向电阻值为 300 kΩ 左右。硅二极管的电阻值为 5 kΩ 左右，反向电阻值为∞（无穷大）。正向电阻越小越好，反向电阻越大越好。正、反向电阻值相差越悬殊，说明二极管的单向导电特性越好。若测得二极管的正、反向电阻值均接近 0 或阻值较小，则说明该二极管内部已被击穿短路或漏电损坏。若测得二极管的正、反向电阻值均为无穷大，则说明该二极管已开路损坏。

3. 二极管正向压降的检测

二极管正向压降一般是以二极管通过 1 mA 电流时二极管的压降为准，测量图如图 3-12 所示。现在的许多数字万用表的二极管挡就是用来直接测量正向压降的。

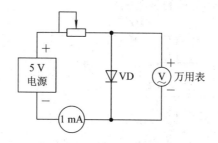

图 3-12　二极管正向压降测量图

4. 反向击穿电压的检测

二极管反向击穿电压(耐压值)可以用晶体管直流参数测试表测量。其方法是：测量二极管时，应将测试表的"NPN/PNP"选择键设置为 NPN 状态，再将被测二极管的正极插入测试表的"C"插孔，负极插入测试表的"e"插孔，然后按下"V(BR)"键，测试表即可指示出二极管的反向击穿电压值。也可用兆欧表和万用表来测量二极管的反向击穿电压，测量时，被测二极管的负极与兆欧表的正极相接，二极管的正极与兆欧表的负极相连，同时用万用表(置于合适的直流电压挡)监测二极管两端的电压。如图 3-13 所示，摇动兆欧表手柄(应由慢逐渐加快)，待二极管两端电压稳定而不再上升时，此电压值即是二极管的反向击穿电压。

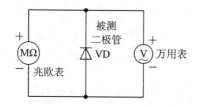

图 3-13　测二极管的反向击穿电压

二、稳压二极管的检测

1. 正、负电极的判别

从外形上看，金属封装稳压二极管管体的正极一端为平面形，负极一端为半圆面形。塑封稳压二极管管体上印有彩色标记的一端为负极，另一端为正极。对标志不清楚的稳压二极管，也可以用万用表判别其极性，测量的方法与普通二极管相同，即用万用表"R×1k"挡，将两表笔分别接稳压二极管的两个电极，测出一个结果后，再对调两表笔进行测量。在两次测量结果中，电阻值较小那一次测量，黑表笔接的是稳压二极管的正极，红表笔接的是稳压二极管的负极。若测得稳压二极管的正、反向电阻均很小或均为无穷大，则说明该二极管已被击穿或开路损坏。

2. 稳压值的测量

用 0～30 V 连续可调直流电源，对于 13 V 以下的稳压二极管，可将稳压电源的输出电压调至 15 V，将电源正极串接 1 只 1.5 kΩ 限流电阻后与被测稳压二极管的负极相连接，电源负极与稳压二极管的正极相接，再用万用表测量稳压二极管两端的电压值，所测得的读数即为稳压二极管的稳压值。若稳压二极管的稳压值高于 15 V，则应将稳压电源调至 20 V 以上。若测量稳压二极管的稳定电压值忽高忽低，则说明该二极管的性能不稳定。图 3-14 所示是稳压二极管稳压值的测量图。

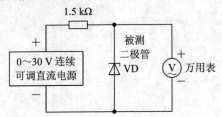

图 3-14　稳压二极管稳压值的测量图

3.5　晶体三极管

3.5.1　晶体三极管的结构与特性

1. 晶体三极管的结构

晶体三极管简称三极管，它是由两个做在一起的 PN 结连接相应的电极封装而成的，其特点是电流放大。图 3-15 所示是 NPN 型和 PNP 型三极管的结构图和符号。常用的三极管有 90×× 系列，包括低频小功率硅管 9013(NPN)、9012(PNP)，低噪声管 9014(NPN)，高频小功率管 9018(NPN)等。三极管的型号一般都标在塑壳上，而样子都一样，都是 TO-92 标准封装(见图 3-16)。国内的产品中还有 3DG6(高频小功率硅管)、3AX31(低频小功率锗管)等，它们的型号也都印在金属的外壳上(见图 3-17)。

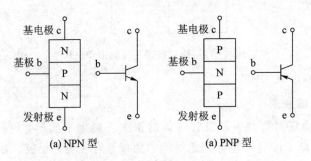

(a) NPN 型　　　　　　　　　　　(a) PNP 型

图 3-15　三极管的结构图和符号

图 3-16　TO-92 标准封装三极管

图 3-17　3DG6 三极管

2. 三极管的特性

（1）输入特性。当 $U_{ce} = 0$ 时，输入特性和二极管相同；当 $U_{ce} \geqslant 1\ \text{V}$ 时，输入特性曲线基本不变，如图 3-18 所示。

（2）输出特性。三极管工作区分为三个区：饱和区、放大区和截止区，如图 3-19 所示。三极管作为放大器的时候工作在放大区；作为开关器件的时候，工作在饱和区和截止区（数字电路中用得最多）。

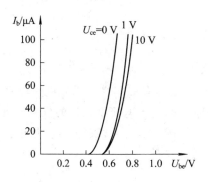

图 3-18　三极管输入特性

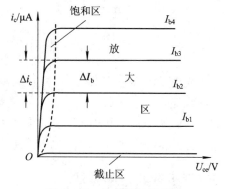

图 3-19　三极管输出特性

3.5.2　晶体三极管的分类

1. 常见晶体三极管

常见三极管有很多种分类方法：按照材料分类，可分为硅三极管和锗三极管；按照功率分类，可以分为小功率三极管、中功率三极管和大功率三极管；按照频率分类，可分为低频三极管、高频三极管和开关三极管；按封装形式分类，可以分为金属封装三极管和塑料封装三极管。

2. 特殊晶体三极管

除了常见三极管以外，还有一些特殊三极管，如光敏三极管，实物图和符号如图 3-20 所示。光敏三极管和普通三极管相似，也有电流放大作用，只是它的集电极电流不只是受基极电路和电流控制，同时也受光辐射的控制。当具有光敏特性的 PN 结受到光辐射时，形成光电流，由此产生的光生电流由基极进入发射极，从而在集电极回路中得到一个放大了相当于 β 倍的信号电流。不同材料

图 3-20　光敏三极管

制成的光敏三极管具有不同的光谱特性,与光敏二极管相比,具有很大的光电流放大作用,即很高的灵敏度。

将发光二极管和光敏三极管封装在一起,就组成了一个光耦合器件,如图 3 - 21(a)所示,对输入、输出电信号有良好的隔离作用。它一般由三部分组成:光的发射、光的接收及信号放大。输入的电信号驱动发光二极管,使之发出一定波长的光,被光探测器接收而产生光电流,再经过进一步放大后输出。这样就完成了电—光—电的转换,从而起到输入/输出隔离的作用(见图 3 - 21(b))。

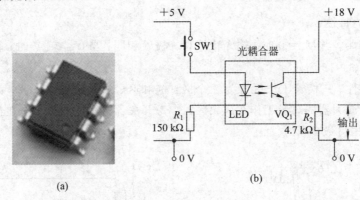

图 3 - 21 光耦合器件

由于光电耦合器输入/输出间相互隔离,电信号传输具有单向性等特点,因而具有良好的电绝缘能力和抗干扰能力。又由于光耦合器的输入端属于电流型工作的低阻元件,因而具有很强的抗交流干扰性能。光电耦合器多用于电位隔离、电平匹配、抗干扰电路、逻辑电路、模/数转换、长线传输、过流保护及高压控制等方面。

3.5.3 三极管的检测方法

1. 三极管管型的判别

看标识:一般地,管型是 NPN 型还是 PNP 型,应从管壳上标注的型号来辨别。依照部颁标准,三极管型号的第二位(字母),A、C 表示 PNP 型三极管,B、D 表示 NPN 型三极管,例如:3AX 为 PNP 型低频小功率管,3BX 为 NPN 型低频小功率三极管。此外,有国际流行的 9011～9018 系列高频小功率管,除 9012 和 9015 为 PNP 型三极管外,其余均为 NPN 型三极管。

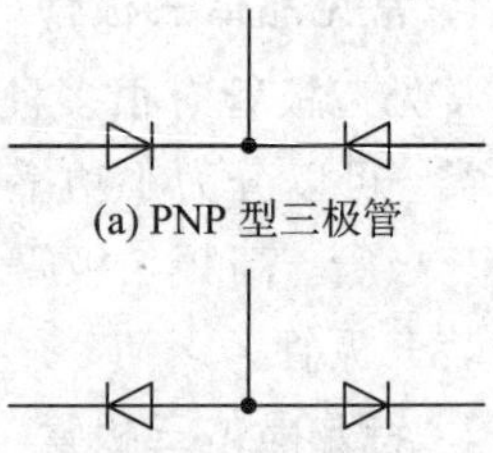

(a) PNP 型三极管

(b) NPN 型三极管

万用表判别:由于三极管有两个 PN 结,用测量二极管的方法,依次测量每两个引脚,判断出两个 PN 结的方向,就可以根据图 3 - 22 确定管型。

图 3 - 22 三极管的等效图

2. 三极管管脚的判别

基极判别:图 3 - 22 是三极管的等效图,可以根据它寻找基极。对于 NPN 型三极管,用黑表笔接假定的基极,用红表笔分别接触另外两个极,若测得电阻都小,约为几百欧至几千欧;而将黑、红两表笔对调,测得电阻均较大,在几百千欧以上,此时黑表笔接的就是基极。对于 PNP 型三极管,情况正相反,测量时两个 PN 结都正偏的情况下,红表笔接基极。

集电极和发射极的判别：确定基极后，假设余下管脚之一为集电极 c，另一为发射极 e，用手指分别捏住 c 极与 b 极（即用手指代替基极电阻）。同时，将万用表两表笔分别接 c、e 极，若被测管为 NPN 型三极管，则用黑表笔接 c 极、用红表笔接 e 极（PNP 型三极管相反），观察指针偏转角度；然后再设另一管脚为 c 极。重复以上过程，比较两次测量指针的偏转角度，指针的偏转角度大的表明 I_c 大，三极管处于放大状态，相应假设的 c、e 极正确。操作方法如图 3-23 所示。

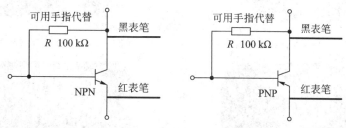

图 3-23 三极管 c、e 极判断

以上用的是模拟万用表测量，用数字万用表测量更加方便。如果按照模拟万用表的测量方法，数字万用表的红表笔接的是内部电池的正极，黑表笔接的是电池的负极，测量的时候与模拟万用表相反。首先用数字万用表的二极管挡判断出基极和管型（参照模拟万用表的方法），然后将数字万用表打到"HFE"挡（数字万用表有一个"HFE"挡是专门用来测量三极管的电流放大系数的）。"HFE"挡位上有两排插孔，将三极管的基极插到对应的管型的"b"孔，调换管脚顺序测两次。显示屏上显示的数字大的，三极管的管脚顺序正确，这个时候根据插孔的标号就能得到管脚的名称。下面是 9012 系列三极管的测量过程。根据图 3-24 可以判断 b 极（基极）为中间引脚，同时可确定为 PNP 型三极管；根据图 3-25 至图 3-28 可以确定 c、e 极，以及电流放大系数 β 为 280。

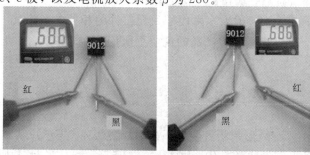

(a) 黑表笔位置不变，红表笔分别测量其他两个管脚

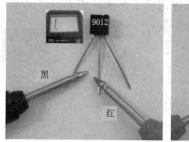
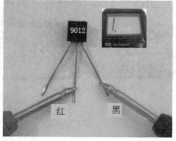

(b) 红表笔位置不变，黑表笔分别测量其他两个管脚

图 3-24 判断 PN 结

图 3 - 25 "HFE"挡

图 3 - 26 三极管管型和管脚正确

图 3 - 27 管脚错误(c、e极接反)

图 3 - 28 管型错误

3.6 贴 片 元 件

贴片元件是无引脚和短引脚的新型微小型元器件,以体积小、重量轻、抗震性好、抗干扰能力强、可靠性高等特点,现在被广泛应用。贴片元件目前尚无统一的命名规则,均由各生产厂家按企业标准命名,但大多由代号及元器件的相关参数组成。实际使用时,若需获得更详细的资料,可以查阅相关产品的说明手册,下面简要介绍常用贴片元件的识别方法。

一、贴片电阻

1. 贴片电阻的封装

贴片电阻的封装主要有矩形片状封装和圆柱形封装两种。矩形片状封装是将传统的引脚做成焊盘的形式,外形则做成长方体,如图 3 - 29 所示;圆柱形封装则是将引脚做成焊盘的形式,外形还是保持原来的圆柱体。目前用得最多的是矩形片状封装。

图 3 - 29 矩形片状贴片电阻

2. 电阻值的识别

电阻值主要有四种表示方法:

第一种:色环表示法。该法主要针对圆柱形封装,读法和一般电阻的读法一样。

第二种：数字表示法。这和一般电阻的表示法一样，前面的表示有效数字，最后面的数字表示后面"0"的个数，如电阻 511 表示的是 510 Ω。

第三种：字母加若干数字表示法。它用一个字母与若干数字组合表示其大小。如电阻"1R1"表示 1.1 Ω，"R47"表示 0.47 Ω。

第四种：一个字母加一个数字表示法。字母表示的是有效数字，数字表示的是有效数字乘以 10^n。如"A0"表示 1 Ω，"K4"表示 24 kΩ。表 3 - 6 是字母对应的意义。

表 3 - 6 单字母加单数字表示法中字母意义对应表（贴片电阻）

字母	A	B	C	D	E	F	G	H	J	K	L	M
意义	1.0	1.1	1.2	1.3	1.5	1.6	1.8	2.0	2.2	2.4	2.7	3.0
字母	N	O	Q	R	S	T	U	V	W	X	Y	Z
意义	3.3	3.6	3.9	4.3	4.7	5.1	5.6	6.2	6.8	7.5	8.2	9.1

二、贴片电容

1. 贴片电容的封装

贴片电容的封装与电阻一样，也有矩形片状封装和圆柱形封装两种，如图 3 - 30 所示。矩形封装电容和电阻的区别是，电容要厚一些；圆柱形封装电容和电阻的区别是，电阻的两头粗，而电容则整体一样粗。

图 3 - 30 贴片电容

2. 电容值的识别

电容值主要有以下几种表示方法：

第一种：直接标注法。该法和普通的电容表示法一样。

第二种：色环表示法。读法和一般电阻的读法一样，单位是 pF。

第三种：数字表示法。该法和普通的电容表示法一样，如上面的"107"为 100 μF。

第四种：一个字母加一个数字表示法。字母表示的是有效数字，数字表示的是有效数字乘以 10^n，单位为 pF，如"A0"表示 1 pF，"K1"表示 24 pF。表 3 - 7 中所列是字母对应的意义。

表 3 - 7 单字母加单数字表示法中字母意义对应表（贴片电容）

字母	A	B	C	D	E	F	G	H	J	K	L	M
意义	1.0	1.1	1.2	1.3	1.5	1.6	1.8	2.0	2.2	2.4	2.7	3.0
字母	N	O	Q	R	S	T	W	X	Y	Z	a	b
意义	3.3	3.6	3.9	4.3	4.7	5.1	6.8	7.5	8.2	9.1	8.2	9.1
字母	d	e	f	u	m	v	h	t	y			
意义	4.0	4.5	5.0	5.6	6.0	6.2	7.0	8.0	9.0	.		

第五种：字母加颜色表示法。字母表示有效数字，见表 3-7；颜色表示乘以 10^n，见表 3-8，其具体数值见电阻一节的内容。

表 3-8 字母加颜色表示法颜色表示的值

颜色	10^n	颜色	10^n	颜色	10^n
红	1	黑	10^1	蓝	10^2
白	10^3	绿	10^4	橙	10^5
黄	10^6	紫	10^7	灰	10^8

3. 贴片电解电容的极性

贴片电解电容有一条色带标明是正极。但对于某些电容，也用色带表示负极（和传统的直插式电解电容一样），贴片电解电容的极性如图 3-31 所示，图 3-31(c) 是铝电解电容。

(a)　　　　(b)　　　　(c)

图 3-31 贴片电解电容的极性

三、贴片电感

1. 贴片电感的封装

贴片电感的封装与电阻一样，也有矩形片状封装和圆柱形封装两种。矩形封装电感和电阻的区别是，电感要厚一些；圆柱形封装电感和电阻的区别是，电感的两头粗，而电感则整体一样粗。矩形片状封装贴片电感实物图如图 3-32 所示。

图 3-32 矩形片状封装贴片电感

2. 电感量的识别

贴片电感和电阻的表示方法类似。这里主要介绍以下几种表示方法：

第一种：数字表示法。和普通的读法一样，前面的几位表示有效数字，最后一位是表示后面"0"的个数，单位为微亨（μH）。如"470"表示 47 μH。

第二种：数字加字母。前面的数字表示有效数字，后面的字母表示单位。如"47n"表示 47 nH（即 0.047 μH）。

四、贴片二极管

1. 贴片二极管的封装

贴片二极管有矩形片状封装和圆柱形封装两种。圆柱形封装二极管没有引线，其两端金属帽就是正、负极。矩形片状封装也有两种，一种是两脚封装，和电阻类似；一种是三脚封装。不同封装形式的贴片二极管实物图如图 3-33 所示。

图 3-33 不同封装形式的贴片二极管

2. 贴片二极管的识别

贴片二极管的识别方法和普通二极管不一样。它的型号不是直接标明的,如上面的 M7 和 3S,它们是厂家打的标记,其真正的意义要查厂家的型号代码。如"M7"表示的是 1N4007,"3S"表示的是 FHBAT54C。表 3-9 是部分常用贴片二极管的型号对应表(注意: 厂家不同,标记相同,型号也可能不同,例如同是标"M4"的也可能是场效应管,这里只是 表示性能相同,例如,Fairchild 公司的 S1A~S1M 则相当于 1N4001~1N4007)。

表 3-9 部分常用贴片二极管的型号对应表

代 码	M1	M2	M3	M4	M5
参考型号	1N4001	1N4002	1N4003	1N4004	1N4005

对于三脚封装的贴片二极管,其引脚有几种排列方式,如图 3-34 所示。常见的是第 3 种,图 3-33 最右端标"3S"的 FHBAT54C 就是这种引脚排列。根据二极管的特性,用万用 表的二极管挡可以直接判断。

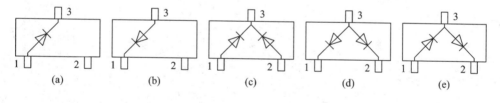

图 3-34 三脚封装的贴片二极管

五、贴片三极管

1. 贴片三极管的封装

贴片三极管也有矩形片状封装和圆柱形封装两种,如图 3-35 所示。常见的为矩形片 状封装二极管。有的矩形片状封装和三脚封装二极管外形是一样的。

图 3-35 不同封装形式的贴片三极管

2. 贴片三极管的识别

　　和二极管一样，贴片三极管的型号也不是直接标注在外壳上，也需要查对应厂家的代码。如图 3 - 35 所示的"2TY"表示的是 S8550。常见贴片三极管的型号对应表如表 3 - 10 所示。

表 3 - 10　常见贴片三极管的型号对应表

代码	1T	2T	J3	J6	M6	Y6	J8
型号	9011	9012	9013	9014	9015	9016	9018
代码	J3Y	2TY	Y1	Y2			
型号	S8050	S8550	8050	8550			

第 4 章　基 础 实 验

在进行实验之前，必须认真阅读本书第一部分内容及附录，弄清楚以下问题：

（1）如何写好预习报告和实验报告？

（2）实验数据记录有哪些注意事项？

（3）实验数据处理有哪些注意事项？

（4）实验中与电量有关的基本概念有哪些？

（5）电路常见故障如何检测和排除？

（6）Multisim 10 如何使用？你是否能尝试用它解决书本上的一些习题？有条件的同学可以将仿真结果（电路图、波形及数据）打印出来作为预习报告的一部分。

（7）实验者可以访问本书的相关资源网站 http://202.193.64.134/Reslib/。

4.1　仪器使用实验

实验仪器的使用贯穿整个电学实验，是最基础的一部分。尤其是示波器、信号发生器、交流毫伏表、直流稳定电源以及万用表，几乎所有的实验都要用到它们。如果不会使用实验仪器，也就不能顺利完成后续实验。本部分实验完成后，教师可对实验仪器的使用进行一次考核，以促进本部分内容的学习。考核参考内容如下：

（1）用信号发生器输出指定频率、幅度和波形（正弦、三角、方波）的信号；

（2）将示波器按钮随意打乱后，用单通道测量一个信号的周期、幅度、频率；

（3）将示波器按钮随意打乱后，用示波器双通道同时测量两个信号的周期、幅度、频率；

（4）用交流毫伏表测量一个给定信号的有效值；

（5）用直流稳定电源输出一个 60 V 以内的直流电压；

（6）用直流稳定电源输出一组 30 V 以内的双极性直流电压。

实验一　常用仪器使用（一）

实验预习要求：

本实验属于基本实验，对后续的电路实验十分重要。实验之前要求做到：

(1) 认真学习直流稳定电源、函数信号发生器、交流毫伏表的使用方法(见第 2 章仪器使用相关知识)。

(2) 理解信号的峰峰值、有效值之间的关系。

一、实验目的

掌握万用表、直流稳定电源、函数信号发生器、交流毫伏表的使用方法。

二、实验仪器

万用表	一台
直流稳定电源	一台
函数信号发生器	一台
交流毫伏表	一台

三、实验原理

1. 在电子电路实验中常用的测量仪器

(1) 直流稳定电源：为电路提供直流电源。

(2) 万用表：主要用于测量电路的静态(直流)参数，电阻值、电容、导线通断等。

(3) 函数信号发生器：为电路提供各种频率、幅度、波形的输入信号。

(4) 示波器：观察电路中各点波形，测量波形的周期、频率、电压幅度、相位差，电路的特性曲线等。

(5) 交流毫伏表：用于测量电路中各点正弦信号的有效值。

2. 实验中用到的交流电压幅度的表示方法

(1) 峰峰值：波峰到波谷的差，用 Vpp 或 mVpp 表示，如图 4 - 1 所示。

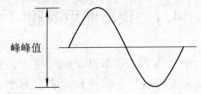

峰峰值

图 4 - 1　峰峰值

(2) 有效值：有效值是根据电流热效应来规定的，让一个交流电流和一个直流电流分别通过阻值相同的电阻，如果在相同时间内产生的热量相等，那么就把这一直流电的数值叫做这一交流电的有效值，用 Vrms 或 mVrms 表示。

(3) 几种常用波形峰峰值与有效值的转换关系：

正弦波：一个峰峰值为 $2\sqrt{2}$ Vpp 的正弦波，其有效值为 1 Vrms；

方波：一个峰峰值为 2 Vpp 的方波，其有效值为 1 Vrms；

三角波：一个峰峰值为 $2\sqrt{3}$ Vpp 的三角波，其有效值为 1 Vrms。

四、实验内容

1. 直流稳定电源、万用表的使用

(1) 检测导线。将万用表打到蜂鸣器挡位(见第 2 章"数字万用表"的"二极管及导线通断测试"，这个挡位同时也可以测量二极管)，用表笔接导线两端，如果听到万用表发出蜂鸣声，则说明导线是好的，否则导线断路，不能使用。

　　注意：凡是要使用的导线，在使用之前，都要进行通断检测，否则会影响实验的正常进行。

　　（2）检测同轴电缆。同轴电缆是信号发生器和示波器等设备使用的专用线，使用的时候也必须进行检测。同轴电缆有两种：一种是低频、大信号用的，末端是两个夹子（一个黑、一个红）；一种是标准的，末端是探头，这种比前一种精密。对于同轴电缆，外面一层是外皮（地线），它连接的是黑色的夹子；中间的芯连接的是红色的夹子（或者是探头），如图 4 - 2 所示。实验者可以按照检测导线的方法来分别检测地线和中间的芯（信号线）。如果有同轴电缆断路，应更换。同轴电缆在使用之前也必须进行检测。

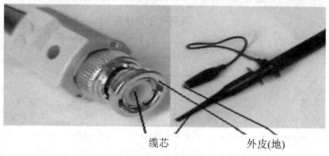

图 4 - 2　同轴电缆

　　（3）单电压输出与测量。将直流稳定电源中间两个按键弹出，置于独立状态，选择其中一路，用电源线将正、负极分别引出（注意：电流调节旋钮"CURRENT"不能调得太小，若其旁边的指示灯为红色，表示电源处于稳流状态，此时应该顺时针旋转"CURRENT"旋钮，使指示灯变为绿色）。开启电源，调整电压为 1.8 V、5 V，按下"OUTPUT"输出开关，选择万用表直流电压挡，将万用表红、黑表笔分别连接直流稳定电源正、负极即可测量。

　　（4）双极性电源输出。

　　① 模拟电路中有很多器件需要多个电源电压，最常用的是 ±12 V。±12 V 电源可以通过两组 12 V 的电源来实现：将两组电源串联，中间定为零电位"地"。双极性电源连接图如图 4 - 3 所示。

　　注意：两路万用表的正、负极接法不同。图中的地是参考点（我们在电路中人为设定的零电位），因此右路万用表的正极接到直流稳定电源右路输出的负极，这样才能得到一个负电源输出。

　　② 连接好电路图以后，开启电源，将两组电源都调到 12 V，就能得到 ±12 V 双极性电源，中间的连接点为零电位"地"，用万用表分别测量即可。

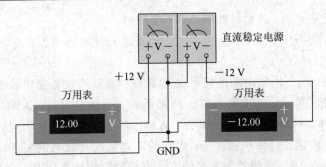

图 4-3　双极性电源连接图

（5）由较低电压串联成较高电压。如果将图 4-3 中的零电位"地"移到—12 V 端，电源电压就成+24 V 了，如图 4-4 所示。

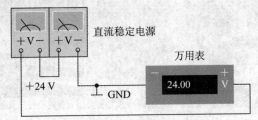

图 4-4　两路电压源串联输出

将前面测量数据填入表 4-1 中。

表 4-1　数　据　记　录

直流稳定电源	1.8 V	5 V	±12 V	24 V
万用表				

2. 函数信号发生器与交流毫伏表的使用

测量正弦信号的有效值，将测量结果填入表 4-2 中。测量方法参见第 2 章信号发生器、毫伏表的相关内容。测量前注意检查导线，请注意图 4-5 中：信号发生器、毫伏表的地线（黑色的）一定要接在一起（为什么？能否将红和黑混接?）。

表 4-2　测量结果记录

信号波形	信号幅度	信号频率	交流毫伏表 测量值（有效值 Vrms）
	0.5 Vrms	500 Hz	
	0.5 Vpp	500 Hz	
正弦波	1.2 Vrms	1.5 kHz	
	1.2 Vpp	1.5 kHz	
	0.6 Vrms	5 kHz	
	0.6 Vpp	5 kHz	

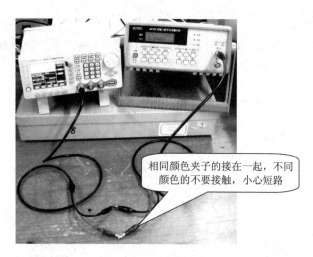

图 4-5 信号线接线

五、思考题

(1) 用万用表的交流电压挡测量交流电压时有什么需要注意的地方?

(2) 是否可用交流毫伏表测量直流电压?

(3) 对于正弦波,什么是电压有效值? 什么是电压峰峰值? 常用交流电压表的电压测量值和示波器的电压直接测量值有什么不同?

(4) 如果一个正弦信号的峰峰值为 2Vpp,那么它的有效值是多少?

六、实验报告要求

(1) 分析测量误差,讨论误差的可能来源。

(2) 根据误差判断实验是否成功。

(3) 回答思考题目。

实验二 常用仪器使用(二)

实验预习要求:

本实验对后续的电路实验十分重要。示波器的使用既是重点也是难点。实验之前必须认真预习示波器的使用方法,同时复习上次课的内容。

一、实验目的

(1) 学会用示波器测量正弦波、方波、三角波等常见信号的电压峰峰值、周期、频率。

(2) 熟练掌握用信号发生器输出规定幅度、频率、波形的信号。

(3) 理解各种信号参量(峰值、峰峰值、有效值、周期、频率)的意义及其换算关系。

二、实验仪器

万用表	一台
示波器	一台
函数信号发生器	一台

三、实验原理

实验原理参见仪器使用章节。

四、实验内容

（1）信号发生器输出按照表4-3设置，用示波器观察波形，并测量出周期和峰峰值，填入表4-3中，课后根据测量出的数据计算频率和有效值。

表 4-3　信 号 源 参 数

信号波形	信号幅度	信号频率	示波器测量值		计算值（课后计算）	
			周期	峰峰值（Vpp）	频率	有效值（Vrms）
正弦波	0.5 Vrms	500 Hz				
正弦波	0.5 Vpp	500 Hz				
正弦波	1.2 Vpp	8 kHz				
方波	0.6 Vrms	10 kHz				
方波	0.6 Vpp	10 kHz				
三角波	1.5 Vpp	45 kHz				

（2）双踪法测量相位差。相位差指的是两个相同频率的周期信号之间的相位关系，判断方法是：比较两个波形相邻的两个周期，谁先达到最大值，谁就超前，如图4-6所示，波形 u_1 相位超前。相位差的测量示意图如图4-6所示，测出两个波形相邻波峰或波谷的时间差 Δt 及周期 T（两个波形的周期相同），代入公式（4-1），即可计算出相位差。

$$\theta = \frac{\Delta t}{T} \times 360° \tag{4-1}$$

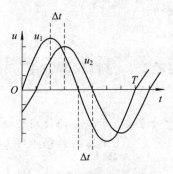

图 4-6　测量相位差示意图

具体参数及测量要求如下：

（1）信号发生器 CHA 路输出一个 2.5Vpp、1 kHz 的正弦波 u_1，并送到示波器 CH1 通道。

（2）CHB 路输出一个 3.5Vpp、1 kHz 的正弦波 u_2，并设置两路波形相位差为 $100°$，送到示波器 CH2 通道。

（3）两路波形同时在示波器上显示出来，测出相邻两个波峰或波谷的时间差 Δt 及周期 T（两个波形的周期相同），代入公式（4-1），计算出相位差。将实际测量出的相位差与信号发生器设置的相位差对比，并计算误差。

（4）画出两路波形并标明其各自的大小，同时标出两个波形哪个是 CHA 路的，哪个是 CHB 路的。

五、思考题

（1）在采用示波器测量信号时，被测信号的输入有两种耦合方式，即 AC 和 DC 方式，这是什么意思？在其他设置相同情况下，对同一被测信号分别用 AC 和 DC 方式进行测试，显示的结果有什么不同？GND(地)是什么意思？

（2）如何利用示波器代替万用表粗略测量直流电压(如测一下电路中直流工作点的电位)？

实验所涉及知识的实际意义及实际应用：

实际使用电源的时候，电源的指示值一般误差较大，很容易造成较大的实验误差。万用表的读数相对要准确，因此在使用电源的时候，通常要用万用表校准，调整到要求的电压。

实验三　李萨如(Lissajou)图形法测量相位差

实验预习要求：

本实验属于基本实验的提高实验，实验本身有一定的难度，但依然注重的是仪器练习。实验之前要求做到：

（1）认真学习信号发生器、示波器的使用方法(尤其是示波器的 XY 方式)；

（2）自学李萨如图形法测量相位角的基本理论，理解测量方法；

（3）对电路进行仿真，并打印结果(软件为 Multisim 10)。

一、实验目的

（1）掌握用示波器测量信号的基本参数的方法以及用 XY 方式测量信号的方法。

（2）掌握用李萨如图形法测量 RC 电路的相位差。

二、实验仪器

双通道示波器	一台
信号发生器	一台
电路分析实验箱	一台

三、实验原理

假设信号 $X=A_1\sin(\omega_1 t+\psi_1)$，$Y=A_2\sin(\omega_2 t+\psi_2)$，以 X 为横坐标、Y 为纵坐标作图，就能得到 X-Y 的函数关系(电路系统中叫传输函数或传输特性曲线)。当 $\omega_1=\omega_2$，ψ_1、ψ_2 固定时(当 ω_1 为 ω_2 的整数倍时，会出现很多有趣的图形，实验过程中可以尝试)，X、Y 可以简化为 $X=A_1\sin\omega t$，$Y=A_2\sin(\omega t+\psi)$。当 ψ 在 $[0,2\pi]$ 内时，讨论 X-Y 的图形：

（1）当 $\psi=0$、π、2π 时，图形是直线(45°、135°)；

（2）当 $\psi=\pi/2$、$3\pi/2$ 时，图形是圆；

（3）其他，图形是椭圆。

观察图 4-7 中间的图形($\psi=\pi/5$ 时)，当 $X=0$ 时，椭圆与纵轴相交于 $(0,A_2\sin\psi)$；当 $Y=A_2$ 时，椭圆最上端的点 M 坐标为 $(A_1\cos\psi,A_2)$；椭圆最右端的点 N 横坐标为 A_1。由上面的参数，可以得到 $\cos\psi=A_1\cos\psi/A_1$，$\sin\psi=A_2\sin\psi/A_2$，$\psi=\arctan(\sin\psi/\cos\psi)$，由此求得相位差。

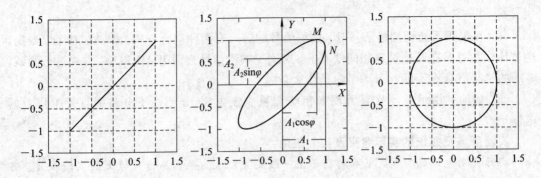

图 4-7　从左至右：$\psi=0$，$\psi=\pi/5$，$\psi=\pi/2$

四、实验内容

1. 连接电路，并输入信号

(1) 按照图 4-8 接线，$R=1\ \text{k}\Omega$，$C=1\ \mu\text{F}$，请注意图中：信号发生器、示波器的地线（黑色的）都接在一起（共地）。

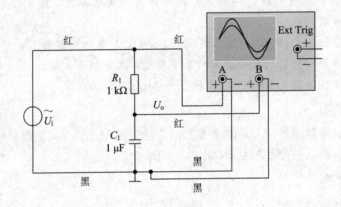

图 4-8　接线图

(2) 调整信号发生器输出频率为 1 kHz 的正弦波，幅度为峰峰值为 1 Vpp。

2. 观测李萨如图形

打开示波器双通道，同时显示两路信号，然后将示波器置于"XY 方式"。当出现李萨如图形后，测量以下参数并将图形画出，填入表 4-4 中（参数的测量方法参见实验原理）。

表 4-4　参　数　记　录　　　　（单位：V）

A_1	$A_1\cos\psi$	李萨如图形
A_2	$A_2\sin\psi$	

3. 计算相位差

根据上面的数据计算相位差（参见实验原理 $\psi=\arctan(\sin\psi/\cos\psi)$）。

实验者可以改变电阻的值，然后再重新测量，观察图形有什么变化。

五、实验报告要求

(1) 计算理论相位差,并计算误差。

(2) 根据误差判断实验是否成功。

实验所涉及知识的实际意义及实际应用:

李萨如图形在物理、电学中有着广泛的应用。如果给定一个标准的信号,则它能够较准确测量标准信号整数倍的信号的频率和相位。当未知信号是已知信号频率的 N(为整数)倍时,李萨如图形就会有 N 个闭环,如图 4-9 所示。

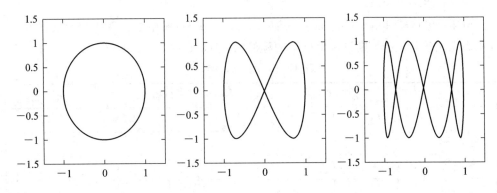

图 4-9 Y 频率为 X 的 1、2、4 倍时的李萨如图形

4.2 元器件使用实验

实验一 基本元器件的识别与测量

实验预习要求:

本实验属于基本实验,认识基本的元件、了解基本参数及其检测方法对后续实验很有帮助。实验之前要求做到:

(1) 学习电阻、电容、电感、二极管(包括发光二极管)、三极管的知识。

(2) 学习万用表的使用方法和基本元件的检测方法。

(3) 查阅更多相关书籍,并在网络上搜索相关知识,写一份某一种元件识别方法的论文作为预习报告(包括性能、封装等)。

一、实验目的

(1) 认识基本元器件、了解其特性和作用。

(2) 掌握用万用表检测各种元件的方法。

二、实验仪器

各类电阻(直标、色环、4 环、5 环)　　　　两只

各类电位器(普通、精密)　　　　　　　　两只

各类电容(电解、陶瓷)　　　　　　　　　两只

各类电感(直标、色环)　　　　　　　　　一只

各类二极管（发光、整流、稳压）　　　　　　　　一只

各类三极管（PNP、NPN）　　　　　　　　　　　一只

万用表　　　　　　　　　　　　　　　　　　　一块

三、实验原理

实验原理参见本书的第 3 章。

四、实验步骤

1. 电阻、电感的识别

读电阻、电位器和电感的标称值，然后用万用表测量（对电位器直接测量全程电阻；如果万用表无法测量电感，则只读电感上的标注），完成表 4-5、表 4-6。

表 4-5　直 标 电 阻

	电阻（直标）		电位器		电　感
	R_1	R_2	W_1	W_2	L_1
标称符号					
标称值					
测量值					
误差					

表 4-6　色环电阻、电感

电阻/电感	1 环	2 环	3 环	4 环	5 环	标称值	允许误差	测量值	测量相对误差
R_1									
R_2									
L_1									

2. 电容的识别

读取电容的标称值，填入表 4-7 中，然后测量对应参数（如果万用表无法测量，则只读电容上的标称值）。

表 4-7　电容的参数

电容	电容标志	类型	耐压	标称容量	实测容量	误差
C_1						
C_2						

3. 二极管的识别

判断各二极管的类型（发光、整流、开关等），用万用表二极管挡判断二极管极性，并测量二极管正向压降或正向导通电阻（部分万用表测量的是正向压降，部分万用表测量的是正向电阻，具体看万用表功能），将参数填入表 4-8。

表 4-8 二极管的参数

二极管	标称	类型	耐压	正向压降(或电阻)
D_1				
D_2				
D_3				

4. 三极管的识别

判断三极管的类型(PNP 型或 NPN 型),用万用表判断三极管的各极,测量三极管电流放大系数 β,并用万用表二极管挡测量各极间电阻(或压降),将参数填入表 4-9。

表 4-9 三极管的参数

三极管	标志	类型	β	bc	be	cb	ce	eb	ec
T_1									
T_2									

五、思考题

(1) 测量电阻值时,为什么不能用双手同时捏住电阻器两端?

(2) 如何判别电解电容器质量的好坏?进行第二次测量时,应注意如何操作才能防止电容器内积存的电荷经万用表放电烧坏表头?

(3) 为什么在电路处于加电状态时不能用电阻挡测量电路中任意两点之间的电阻?

(4) 用不同的电阻挡测量同一个二极管的正、反向电阻,结果是否相同?

实验所涉及知识的实际意义及实际应用:

本实验中判断元件好坏在后续实验(模拟电子电路等)非常有用。本实验中的很多元件参数误差测量,事实上,这些参数可以通过设计一些简单实验来实现。接下来的实验就是一个例子。

实验二　点电压法测量二极管的特性曲线

实验预习要求:

本实验通过测量电压描绘二极管的伏-安特性曲线。实验之前要求做到:

(1) 了解二极管的伏-安特性曲线的意义。

(2) 仔细阅读万用表测量电流、电压的内容。

(3) 在网上查阅相关二极管(如 1N4148、1N4001、1N4007)的手册。

(4) 有条件的同学用 Multisim 10 先进行电路仿真,并打印结果。

一、实验目的

(1) 进一步掌握万用表测量电压、电流的方法。

(2) 进一步了解二极管特性。

二、实验仪器

直流稳定电源	一台
万用表	一只
电位器（或电阻箱）	一个
二极管若干（整流二极管、稳压管、开关管以及发光二极管，如 1N4001，1N4148 等）	

三、实验原理

二极管是非线性元件，其电阻随二极管两端的电压变化而变化。如图 4-10 所示，图中 E 是可调稳定直流电源，R_1 为限流电阻。改变电源电压，用万用表可以测量二极管上的电压，电流则可以根据 R_1 上的电压除以其阻值得到。通过测量多点的电压、电流，可以描绘出二极管的伏-安特性曲线。

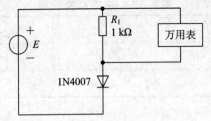

图 4-10　点电压法测量二极管伏-安特性曲线电路图

四、实验内容

1. 连接电路

按照图 4-10 接线，$R_1 = 1\ \mathrm{k\Omega}$，将电压源电压调到最低。

2. 测量二极管的正向伏-安特性曲线

按照表 4-10 测量相关参数（注意电压源不能输出太大电压，防止烧毁元件；电流可利用 U_R/R 计算）。把实验数据填入表 4-10 中。

表 4-10　实验数据记录

直流电源	0.7 V	1 V	1.4 V	1.6 V	2.6 V	4.6 V	6.6 V
电阻电压 U_R							
二极管电压 U_D							
电路电流 I_R							

3. 测量二极管的反向伏-安特性曲线

在图 4-10 的基础上，将二极管反接，然后按照表 4-10 再测量一次，这样就得到二极管加反向电压的曲线。将正向和反向曲线合在一起就得到了二极管完整的伏-安特性曲线。

五、思考题

（1）能否根据测量的数据判断二极管是硅二极管还是锗二极管？如果可以，请做出判断，并说明理由。

(2) 非线性电阻器的伏-安特性曲线有何特征?

(3) 设某器件伏-安特性曲线的函数式为 $I = f(U)$,试问在逐点绘制曲线时,其坐标变量应如何放置?

(4) 稳压二极管与普通二极管有何区别,其用途如何?

六、数据处理

在坐标纸中画出二极管的伏-安特性曲线,把曲线和产品说明书所提供的伏-安特性曲线相比较。

实验三 传输特性曲线法测量二极管的特性曲线

实验预习要求:

本实验属于基本实验,注重的是实验方法。实验之前要求做到:

认真预习测量电路的设计原理。

一、实验目的

(1) 进一步掌握示波器双通道的使用。

(2) 进一步了解二极管的特性曲线。

二、实验仪器

示波器	一台
信号发生器	一台
1 kΩ 电阻	一只
电阻箱(或可变电阻)	一个

三、实验原理

二极管的特性曲线可以看做是输入电压与输出电流的关系——传输特性曲线。由前面的实验可以知道,传输特性曲线可以用示波器的 XY 方式显示。如图 4-11 所示,图中的虚线框表示信号发生器,这是它的等效图。电阻 R_2 是电流取样电阻,其电压代表了电流大小;A 点的电压是二极管和电阻 R_2 上的电压和,由于 R_2 的电阻比二极管的电阻要小很多,其电压可以忽略,近似认为 A 点的电压就是二极管的电压(例如,当电路中电流为 4 mA 时,R_2 上的电压为 0.1 V,此时二极管上的电压为 0.7 V 左右。如果要提高测量的准确性,可以将 R_2 选得更小,如 10 Ω,但示波器显示比较困难);电阻 R_1 的作用主要是消除信号发生器内阻的影响(为什么?)。

将 A 点和 B 点的电压分别输入示波器的两个通道,利用 XY 方式就可以得到二极管近似的特性曲线。

四、实验内容

1. 连接电路,并输入信号

(1) 按照图 4-11 接线(注意地线的接法),电阻 R_2 可以用电阻箱或可变电阻调整得到。

(2) 调整信号发生器,使其输出峰值为 5 V、频率为 100 Hz 的三角波(或正弦波),先用示波器观察 A、B 两点的波形,在同一坐标系中画出波形并标出参数。

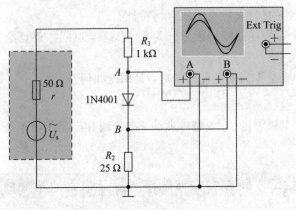

图 4 - 11　测量电路图

2. 观察传输特性曲线

用示波器的 XY 方式观察二极管的传输特性曲线，并在表 4 - 11 中画出波形，标出参数。

表 4 - 11　参 数 记 录

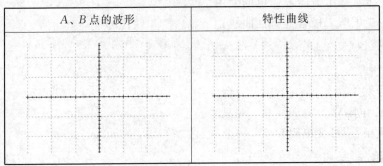

A、B 点的波形	特性曲线

五、思考题

如图 4 - 12 和图 4 - 13 所示，实验中，如果用以下几种接法是来消除电阻 R_2 对二极管电压的影响，能否得到正确的曲线？为什么本实验不采用这些接法？

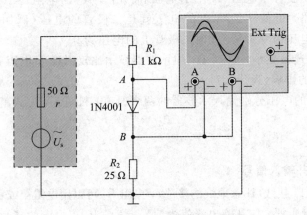

图 4 - 12　电路接线图一

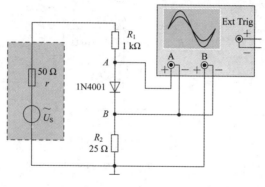

图 4-13 电路接线图二

4.3 直流电路测量实验与应用

4.3.1 实验

实验一 基尔霍夫定律、叠加定理

实验预习要求：

(1) 加深对电位的单值性和相对性以及电压绝对性的理解。

(2) 电路中电位参考点(即电位为零之点)一经选定，则各点的电位只有一个固定的数值，这便是电位的单值性。如果把电路中某点(例如参考点)的电位升高(或降低)同一数值，则此电路中其他各点的电位也相应地升高(或降低)同一数值，这就是电位的相对性。至于任意两点间的电压，仍然不变，电压与参考点的选择无关，这便是电压的绝对性。

(3) 能够复述基尔霍夫定律、叠加定理、戴维南定理的内容。

(4) 学会计算电路中各点电位的理论值。

一、实验目的

(1) 通过实验，熟悉万用表、实验箱的使用方法。

(2) 在线性网络中，验证基尔霍夫定律、叠加定理。

二、实验仪器

直流稳定电源	一台
万用表	一块
直流电路实验箱	一台

三、实验原理

(1) 基尔霍夫定律 KVL、KCL，参见理论课教材。

(2) 叠加定理参见理论课教材(学生自己完成本部分内容)。

四、实验内容

1. 连接电路

(1) 按照图 4-14 接线。

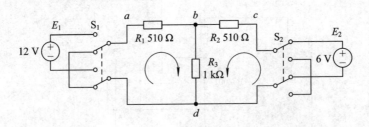

图 4 - 14　接线图

注意：图 4 - 15 中的开关 S_1（左）与 S_2（右）为双极双位（双刀双掷）开关。使用时，S_1 掷向左，将 E_1 接入电路，S_1 掷向右，E_1 脱离电路，并将上、下两个点直接连接（a、d 两点）；S_2 正好相反，掷向右，将 E_2 接入电路，S_2 掷向左，E_2 脱离电路并将上、下两个点直接连接（c、d 两点）。

（2）打开直流稳定电源，用万用表调整两路电压为 12 V 和 6 V（确保准确）。

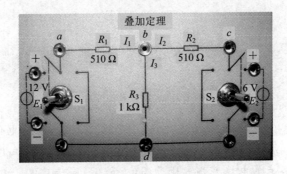

图 4 - 15　实验箱电路

2. 测量电流、电压

（1）选择电路的参考方向，并在图 4 - 15 中标示出来（也可以按照图 4 - 14 的方向）。打开 E_1、E_2 两个电源并将其同时接入（S_1 向左，S_2 向右）电路，然后依参考方向，按照表 4 - 12、表 4 - 13 测量数据（注意有效数字位数），验证基尔霍夫定律。

表 4 - 12　数 据 记 录

环　路	abd 回路				cbd 回路			
电压/V	U_{ab}	U_{bd}	U_{da}	$\sum U$	U_{cb}	U_{bd}	U_{dc}	$\sum U$
测量值								
理论值								

表 4 - 13　数 据 记 录

节　点	b 点			
电流/mA	$-I_{ab}$	I_{bd}	I_{bc}	$\sum I$
测量值				
理论值				

注意：表 4 - 13 的数据如果不能直接测量，则可以按照 $I = U/R$ 来求得。

问题：根据数据，能够看出实验是否成功吗？主要根据哪些指标判断？

（2）断开两组电源（S_1 向右，S_2 向左），然后分别接入两个电源，完成表 4 - 14，验证叠加定理。

表 4 - 14 数 据 记 录

		U_{ab}/V	U_{bd}/V	U_{cb}/V	I_{ab}/mA	I_{bc}/mA	I_{bd}/mA
只有 E_1 接入	测量值						
	理论值						
只有 E_2 接入	测量值						
	理论值						
E_1、E_2 同时接入	测量值						
	理论值						
计算叠加结果	叠加结果						

注意：将表中计算出的叠加结果与 E_1、E_2 同时接入时的测量值比较，验证叠加定理是否成立。

五、Multisim 10 仿真分析

（1）启动 Multisim 10，按图 4 - 14 搭建仿真电路，验证基尔霍夫定律（KVL），如图 4 - 16 所示，测量表 4 - 12 中 abd 回路的电压值，其他参数请自行测量（Multisim 10 使用方法参见第 5 章相关内容）。

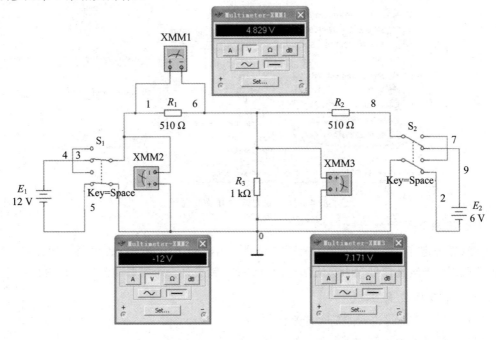

图 4 - 16 验证基尔霍夫定律（KVL）

（2）其中双刀双掷开关的选择如下：

① 选择 Place→Basic，如图 4-17 所示。

图 4-17 选择 Place→Basic

② 如图 4-18 所示，进行如下设置（选择）：

Database：Master Database。

Group：Select all groups。

Family：SUPPLEMENT ARY_CONTACTS（接触器）。

Component：DPDT_SB。

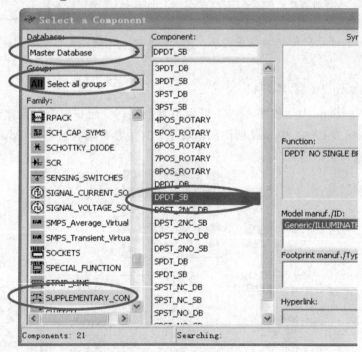

图 4-18 双刀双掷开关的选择

六、思考题

基尔霍夫定律、叠加定理是否有适用条件？当电路中出现非线性元件，如二极管时，是否还适用？当激励信号变为交流信号的时候呢？请设计一个实验并测量数据得出结论。

七、实验报告要求

（1）分析误差，讨论误差的可能来源。

（2）根据误差大小等相关数据，给出实验结论：

① 理论是否正确；

② 实验是否达到预期结果，成功与否。

实验所涉及知识的实际意义及实际应用：

直流电路的实验相对比较简单，但其分析方法和应用却十分广泛。在今后的课程中经常要用到，尤其是这些定理的相量形式在交流分析中的应用。

实验二　戴维南定理和诺顿定理

实验预习要求：

设计测量方案：有一个电路"黑盒子"（无法打开），如图 4-19 所示，电路中有两根引出线端子 A、B。已知电路是若干电阻元件以及直流电源组成，现在要求在引线端子 A、B 连接一个电阻 R，要求电阻 R 上能够获得最大的功率。现在只有一块万用表，请设计一种解决本问题的方案。

图 4-19　电路"黑盒子"

一、实验目的

(1) 在线性网络中，验证戴维南定理、诺顿定理。

(2) 了解戴维南定理和诺顿定理的实际应用。

二、实验仪器

直流稳定电源　　　　　一台

万用表　　　　　　　　一块

直流电路实验箱　　　　一台

三、实验原理

1. 戴维南定理

线性含源单口网络（N），就其端口来看，可以等效为一个电压源（U_{oc}）与一个电阻（R_0）串联的支路；电压源电压 U_{oc} 等于该网络开路电压，串联电阻 R_0 等于该网络中所有独立源电压为 0 时的等效电阻，如图 4-20 所示。

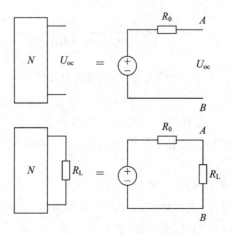

图 4-20　戴维南等效电路

这部分实验主要任务是求得 U_{oc} 和 R_0，有两种方法：

（1）直接测量。由于电压源电压 U_{oc} 等于网络开路电压，因此只要将 R_L 从电路中断开，直接测量就得到了 U_{oc}；而串联电阻 R_0 等于网络中所有独立源电压为 0 时的等效电阻，因此只要将电源从电路中取走，然后用导线将电路中原先接电源的两点连接（相当于电源"短路"），再用万用表测量 A、B 间的电阻，就得到 R_0。

（2）根据网络的外部特性曲线（$U-I$）间接求 U_{oc} 和 R_0。对于等效电路，假设对 R_L 进行了至少两次调整。

当 $R_L = R_1$ 时，

$$U_{R_1} = U_{oc} - R_0 \times I_{R_1} \qquad (4-2)$$

$$I_{R_1} = \frac{U_{R_1}}{R_1} \qquad (4-3)$$

当 $R_L = R_2$ 时，

$$U_{R_2} = U_{oc} - R_0 \times I_{R_2} \qquad (4-4)$$

$$I_{R_2} = \frac{U_{R_2}}{R_2} \qquad (4-5)$$

联立上面 4 个方程，得到

$$R_0 = \frac{U_{R_2} - U_{R_1}}{\dfrac{U_{R_1}}{R_1} - \dfrac{U_{R_2}}{R_2}} \qquad (4-6)$$

上式表明：电压的变化量除以电流的变化量就是等效电阻 R_0。如果将 R_L 的 $U-I$ 曲线画出来，如图 4-21 所示，直线的斜率就是 R_0，短路电流为 I_0，开路电压为 U_{oc}。

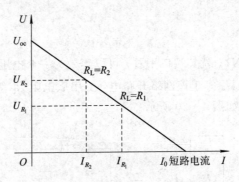

图 4-21 戴维南等效电路外特性测量法

2. 诺顿定理

线性含源端口网络（N），就其端口来看，可以等效为一个电流源并联一个电阻组合。电流源电流（I_{sc}）等于网络的短路电流，并联电阻 R_0 等于网络中所有独立源电压为 0 时网络的等效电阻。

本部分实验主要任务就是求出 I_{sc} 和 R_0，求取方法：

（1）直接测量。将 A、B 两点用电流表短路，直接测量电流，就得到 I_{sc}（注意，电流表量程一定要合适）；将电路中的电压源短路（注意先后顺序，必须先拆除电压源，再将连接电压源的两点短路，否则容易烧毁电压源），将电流源断开，用万用表测量电路 A、B 点电阻，就得到 R_0。

（2）按照图 4-22 的方法计算得到 I_{sc}（即 I_0）和 R_0。

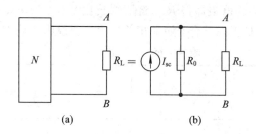

图 4-22 诺顿定理

四、实验内容

1. 连接电路，并输入直流电压

（1）打开直流稳定电源，用万用表调整两路电压为 12 V。

（2）按照图 4-23 接线，实验箱电路如图 4-24 所示。注意，图 4-23 中的 R_L 可以用电阻箱代替（电阻箱接入 A、B 两点）。

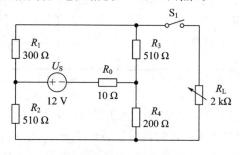

图 4-23 实验电路图

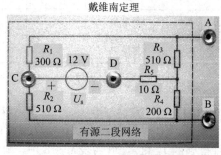

图 4-24 实验箱电路

2. 测量 U_{oc}、R_0

（1）外特性测量法：将 12 V 的电源接入电路，不断调整电阻 R_L（或电阻箱）的大小，用万用表测量 R_L 两端的电压，将数据记录到表 4-15，并将表格的数据在图 4-25 中画成 $U\text{-}I$ 曲线（注意直线的画法），并标出 U_{oc}、I_0 以及 R_0 的值；

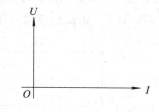

图 4-25 外特性测量法 $U\text{-}I$ 曲线

表 4-15 数 据 记 录

	R_L/Ω	1000	800	600	400	200	100
U_{R_L}/V	测量值						
	理论值						
I_{R_L}/mA	测量值						
	理论值						
根据图求出		$U_{oc}=$		$R_0=$		$I_0=$	

（2）直接测量法：先将电阻箱从电路中移除，直接测量上面二端网络的电压即得 U_{oc}；再将 12 V 电压源从电路中移除，用导线将电路中连接电源的两点连接，然后直接用万用表的电阻挡测量二端网络的电阻即得 R_0。将所测数据填入表 4 - 16 中，将两种方法得到的 U_{oc}、R_0 相比较，看结果是否相符合。如果相差较大，则说明实验中有错误。

表 4 - 16　数　据　记　录

U_{oc}/V	
R_0/Ω	

3. 验证戴维南定理

验证等效电路和图 4 - 23 所示电路的特性是否一样。按照图 4 - 20，搭建其等效电路，将电压源调到 U_{oc}，串联一个阻值大小为 R_0 的电阻（可用实验箱上的电位器调节到 R_0），再接上电阻箱（作为 R_L）组成一个回路。调整电阻箱的值，完成表 4 - 17 的内容。将表 4 - 17 与表 4 - 15 所测得的结果相比较，看两个电路的外部特性是否一致。

表 4 - 17　数　据　记　录

	R_L/Ω	1000	800	600	400	200	100
U_{R_L}/V	测量值						
I_{R_L}/mA	测量值						

4. 验证诺顿定理（选做）

按照图 4 - 23 接线，将 12 V 的电源接入电路。用万用表电流挡测量 A、B 两点的短路电流 I_{sc}，或者直接根据表 4 - 15 计算得到（I_0 就是 I_{sc}）；R_0 的值可以按照 2. 中所述方法得到。将得到的 I_{sc} 和 R_0 填到表 4 - 18 中。调整直流稳压电源到电流挡（不要开电源），按照图 4 - 22(b) 接线。开启电源，调整电流大小为 I_{sc}，调整 R_L 的值，完成表 4 - 19。将表 4 - 15、表 4 - 17、表 4 - 19 进行对比，看 3 个电路的外部特性是否一致。

表 4 - 18　数　据　记　录

I_{sc}/mA	R_0/Ω

表 4 - 19　数　据　记　录

	R_L/Ω	1000	800	600	400	200	100
U_{R_L}/V	测量值						
I_{R_L}/mA	测量值						

五、Multisim 10 仿真分析

（1）启动 Multisim 10，按图 4 - 23 搭建仿真电路。图 4 - 26 根据外特性测量法测量表 4 - 15 的相关数据，且 R_L 为 1000 Ω 时 U_{R_L} 和 I_{R_L} 的电路仿真，其他参数请自行测量。

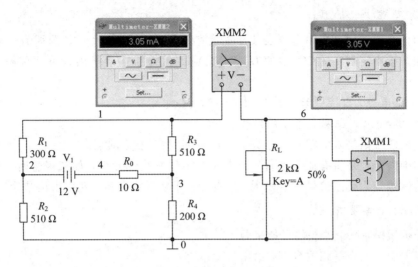

图 4 - 26　外特性测量法仿真电路

（2）按图 4 - 23 搭建仿真电路，图 4 - 27 和图 4 - 28 分别为根据直接测量法测量表 4 - 16 中 U_{oc} 和 R_0 的电路仿真，注意：图 4 - 27 中万用表 XMM1 应设置为测量直流电压，图 4 - 28 中万用表 XMM1 应设置为测量电阻。

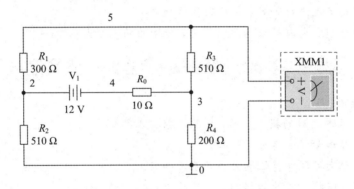

图 4 - 27　测量 U_{oc}

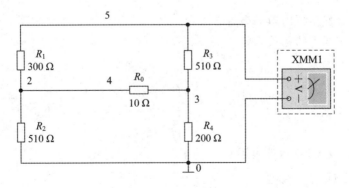

图 4 - 28　测量 R_0

六、思考题

(1) 为什么必须用高内阻电压表才能直接测量含源线性网络 A、B 两端的开路电压?

(2) 在戴维南定理实验中,要使 U_S 置零,应如何操作?请指出以下两种做法的错误之处:

① 不拆除电源,直接用导线将 C、D 两点短接;

② 拆除电源,C、D 两点不使用导线短接。

(3) 在求戴维南等效电路时,有哪几种方法?比较其优、缺点。

(4) 戴维南定理是否有适用条件?当电路中出现非线性元件,如二极管时,是否还适用?当激励信号变为交流信号的时候呢?请设计一个实验并测量数据,得出结论。

七、实验报告要求

(1) 分析误差,讨论误差的可能来源。

(2) 根据误差大小等相关数据,给出实验结论:

① 理论是否正确;

② 实验是否达到预期结果,成功与否。

实验所涉及知识的实际意义及实际应用:

预习部分中的问题可以根据两点解决:

(1) 用戴维南定理进行等效,然后测量参数。

(2) 当负载电阻和电源等效内阻相等时,传输的功率最大。

实验三　利用外特性测量法测量信号发生器内阻

实验预习要求:

本实验属于基本实验的提高实验。实验之前要求做到:

(1) 认真学习信号发生器相关的知识。

(2) 复习戴维南定理外特性测量法的基本知识。

(3) 查阅有关阻抗匹配的知识。

一、实验目的

(1) 掌握信号发生器内阻的测量方法。

(2) 了解阻抗匹配的相关内容。

二、实验仪器

示波器	一台
信号发生器	一台
毫伏表	一台
电阻箱(或 1 kΩ 可变电阻)	一个

三、实验原理

我们使用的信号发生器都可以等效为一个理想的信号发生器和一个电阻的串联,其等效电路如图 4 - 29(a)所示。该等效的电阻称为输出电阻,一般的信号发生器输出电阻为 50 Ω,有些信号发生器还在输出端进行了标明,如图 4 - 29(b)所示。当接上外电路的时候，如果外电路的阻抗能够和 50 Ω 相差不大(一般 500 Ω 以下)，则由于分压作用，外电路上获得的电压比实际输出的小；当外电路的输入电阻为 50 Ω 的时候，外电路获得最大的功率，这种情况叫阻抗匹配；当信号发生器不接外部电路时，输出电压最大(为信号发生器的电压)(在这里不讨论高频情况，感兴趣的学生可以查阅阻抗匹配相关的资料)。

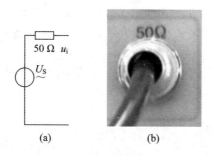

(a)　　　　　(b)

图 4-29　信号发生器等效电路及某信号发生器输出阻抗标注

四、实验内容

1. 连接电路

按照图 4-30 接线(注意地线的接法)，可以用电阻箱代替图中的可变电阻 R。

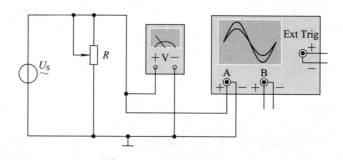

图 4-30　信号发生器内阻测量电路图

2. 观察信号发生器内阻对输出信号的影响

将电阻(或电阻箱)从电路中断开，开启信号发生器，调到正弦波，幅度为峰峰值 1 V，频率为 1 kHz，用示波器测量出信号的峰峰值、有效值；然后接上电阻(或电阻箱)，按照表 4-20 调整电阻大小，分别测量其峰峰值、有效值，将数据记录在表 4-20 中，利用描点法描绘出信号发生器的外部特性曲线，并利用曲线求出输出电阻。

表 4-20　数　据　记　录

电阻/Ω	50 Ω	100 Ω	200 Ω	500 Ω	1 kΩ	断开
峰峰值/V						
有效值/V						
输出功率/W						

问题：实验过程中，输出电压随外部电阻 R 的增大是增大还是减小？输出功率呢？

五、实验注意事项

实验过程中，注意小心调整 R 的大小，千万不要将其调到 0Ω，防止长时间短路烧毁信号发生器。

实验所涉及知识的实际意义及实际应用：

因为信号发生器的输出电阻的影响，我们实际使用信号发生器的时候，需要将信号发生器先接入电路，然后再测量输出电压的大小，这样信号幅度才较准确。

实验四　受　控　源

实验预习要求：

预习受控源相关知识。

一、实验目的

(1) 通过测试受控源的外特性及其转移参数，进一步理解受控源的物理概念，加深对受控源的认识和理解。

(2) 了解戴维南定理和诺顿定理的实际应用。

二、实验仪器

可调直流稳定电源	一台
直流数字电压表	一台
电阻箱	一台
直流电路实验箱	一块

三、实验原理

1. 受控源

(1) 定义。受控源是指其电源的输出电压或电流是受电路另一支路的电压或电流所控制的。当受控源的电压(或电流)与控制支路的电压(或电流)成正比时，则该受控源为线性的。

(2) 分类。根据控制变量与输出变量的不同，受控源可分为电压控制电压源(VCVS)、电压控制电流源(VSCS)、电流控制电压源(CCVS)、电流控制电流源(CCCS)。电路符号如图 4-31 所示。理想受控源的控制支路中只有一个独立变量(电压或电流)，另一个变量为

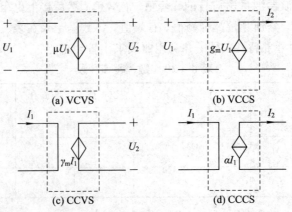

图 4-31　四种受控源

零,即从输入口看,理想受控源或是短路(即输入电阻 $R_j=0$,因而 $U_1=0$)或是开路(即输入电导 $G_i=0$,因而输入电流 $i_1=0$);从输出口看,理想受控源或是一个理想电压源或是一个理想电流源。

(3) 实际电路图。受控源的实际电路一般是以三极管或运算放大器为基础,连接一些外围器件,通过反馈而实现的,如图 4-32 所示。

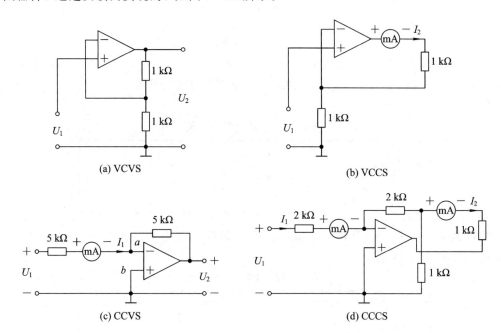

图 4-32 四种受控源的一类实际电路图

2. 转移函数

受控源的控制端与受控端的关系称为转移函数。

四种受控源转移函数参量的定义如下:

1)电压控制电压源(VCVS)

$$U_2 = f(U_1)$$

参数 $\mu=U_2/U_1$,称为转移电压比(或电压增益)。

2)电压控制电流源(VCCS)

$$I_2 = f(U_1)$$

参数 $g_m=I_2/U_1$,称为转移电导。

3)电流控制电压源(CCVS)

$$U_2 = f(I_1)$$

参数 $r_m=U_2/I_1$,称为转移电阻。

4)电流控制电流源(CCCS)

$$I_2 = f(I_1)$$

参数 $\alpha=I_2/I_1$,称为转移电流比(或电流增益)。

四、实验步骤

(1) 测量受控源 CCVS 的转移特性 $U_2=f(I_S)$ 及负载特性 $U_2=f(I_L)$,实验线路如图

4-33 所示。I_S 为可调直流恒流源，R_L 为可调电阻（或电阻箱）。

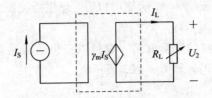

图 4-33　测量受控源 CCVS 转移特性及负载特性电路图

① 固定 $R_L = 2$ kΩ，调节直流恒流源输出电流 I_S，使其在 0～0.8 mA 范围内取值，测量 I_S 及相应的 U_2 值，绘制 $U_2 = f(I_S)$ 曲线，并由其线性部分求出转移电阻 r_m，并填入表 4-21 中。

表 4-21　数 据 记 录

测量值	I_S/mA	
	U_2/V	
实验计算值	r_m/kΩ	

② 保持 $I_S = 0.3$ mA，令 R_L 从 1 kΩ 增至 ∞，测量 U_2 及 I_L 值，并填入表 4-22 中，绘制负载特性曲线 $U_2 = f(I_L)$。

表 4-22　数 据 记 录

R_L/kΩ	
U_2/V	
I_L/mA	

（2）测量受控源 VCCS 的转移特性 $I_L = f(U_1)$ 及负载特性 $I_L = f(U_2)$。其实验线路如图 4-34 所示。

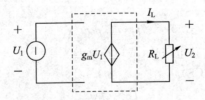

图 4-34　测量受控源 VCCS 转移特性及负载特性电路图

① 固定 $R_L = 2$ kΩ，调节直流稳定电源输出电压 U_1，使其在 0～5 V 范围内取值，测量 U_1 及相应的 I_L，并填入表 4-23 中，绘制 $I_L = f(U_1)$ 曲线，并由其线性部分求出转移电导 g_m。

表 4-23　数 据 记 录

测量值	U_1/V	
	I_L/mA	
计算值	g_m/S	

② 保持 $U_1 = 2$ V，令 R_L 从 0 增至 5 kΩ，测量相应的 I_L 及 U_2，并填入表 4 − 24 中，绘制 $I_L = f(U_2)$ 曲线。

表 4 − 24 数 据 记 录

$R_L/kΩ$	
I_L/mA	
U_2/V	

（3）测量受控源 CCCS 的转移特性 $I_L = f(I_S)$ 及负载特性 $I_L = f(U_2)$。其实验线路如图 4 − 35 所示。

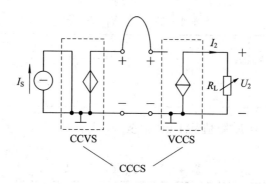

图 4 − 35 测量受控源 CCCS 转移特性及负载特性电路图

① 固定 $R_L = 2$ kΩ，调节直流恒流源输出电流 I_S，使其在 0～0.8 mA 范围内取值，测量 I_S 及相应的 I_L 值，并填入表 4 − 25 中，绘制 $I_L = f(I_S)$ 曲线，并由其线性部分求出转移电流比 $α$。

表 4 − 25 数 据 记 录

测量值	I_S/mA	
	I_L/mA	
计算值	$α$	

② 保持 $I_S = 0.3$ mA，令 R_L 从 0 增至 4 kΩ，测量 U_2 及 I_L 值，并填入表 4 − 26 中，绘制负载特性曲线 $I_L = f(U_2)$。

表 4 − 26 数 据 记 录

$R_L/kΩ$	
I_L/mA	
U_2/V	

（4）测量受控源 VCVS 的转移特性 $U_2 = f(U_1)$ 及负载特性 $U_2 = f(I_L)$。其实验线路如图 4 − 36 所示。U_1 为可调直流稳定电源，R_L 为可调电阻箱。

① 固定 $R_L = 2$ kΩ，调节直流稳定电源输出电压，使其在 0～6 V 范围内取值，测量 U_1 及相应的 U_2 值，并填入表 4 − 27 中，绘制 $U_2 = f(U_1)$ 曲线，并由其线性部分求出转移电压比 $μ$。

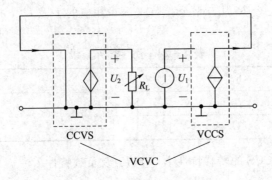

图 4 – 36　VCVS 的实验线路图

表 4 – 27　数 据 记 录

测量值	U_1/V	
	U_2/V	
计算值	μ	

② 保持 $U_1 = 2\ \text{V}$，令 R_L 阻值从 $1\ \text{k}\Omega$ 增至 ∞，测量 U_2 及 I_L，并填入表 4 – 28 中，绘制 $U_2 = f(I_L)$ 曲线。

表 4 – 28　数 据 记 录

$R_L/\text{k}\Omega$	
U_2/V	
I_L/mA	

五、实验注意事项

(1) 实验中，注意运算放大器的输出端不能与地短接，输入电压不得超过 $10\ \text{V}$。

(2) 在用恒流源供电的实验中，不要使恒流源负载开路。

六、思考题

(1) 受控源与独立源相比有何异同点？

(2) 四种受控源中的 μ、g_m、r_m 和 α 的意义是什么？如何测得？

(3) 若令受控源的控制量极性方向反向，则其输出量极性是否发生变化？

(4) 受控源的输出特性是否适于交流信号。

七、实验报告

(1) 根据实验数据，在方格纸上分别绘出四种受控源的转移特性和负载特性曲线，并求出相应的转移参量。

(2) 对实验结果进行分析并给出结论，总结对四种受控源的认识和理解。

4.3.2　戴维南定理和受控源在工程中的应用

一、戴维南定理在单级放大电路输出阻抗测量中的应用

根据戴维南定理，一个有源二端网络从输出端口看去，其可以等效为一个理想电压源串联一个电阻，这个电阻就是电路的输出阻抗。输出阻抗越大，输出损耗越大，或者说，电路输出电压的能力越低，从而限制了最大输出功率，因此我们希望电路的输出阻抗尽可能小，以提高带负载的能力。如图 4 - 37(a)所示为一个共射级单级放大电路，从输出端口看去，其戴维南等效电路如图 4 - 37(b)所示，利用外特性测量法即可测出其输出阻抗 R_o。

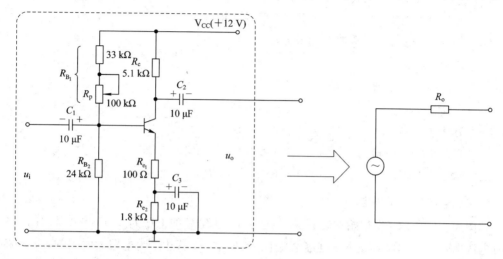

图 4 - 37　共射级单级放大电路及其戴维南等效电路

二、受控源在晶体管等效电路中的应用

受控源是一种非常有用的电路元件，常用来模拟含晶体管、运算放大器等多端器件的电子电路。如图 4 - 38 所示，图(a)是一个 NPN 型三极管，图(b)是该三极管的受控源等效电路图。

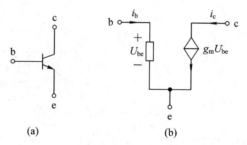

(a)　　　　　　　　　　(b)

图 4 - 38　NPN 型三极管及其受控源等效电路图

4.4　动态电路实验与应用

4.4.1　实验

实验一　一阶 RC 电路的阶跃响应

实验预习要求：

（1）理解零状态、零输入以及完全响应。

（2）会计算 RC 电路时间常数的理论值。

（3）理解书本上 0.368、0.632 是如何得到的。

（4）注意共地（重点）。

一、实验目的

（1）理解零状态、零输入以及完全响应。

（2）用示波器观察 RC 电路的零状态、零输入响应。

（3）掌握 RC 电路时间常数的测量方法。

二、实验仪器

函数信号发生器	一台
示波器	一台
万用表	一块
直流电路实验箱	一台

三、实验原理

1. RC 电路的阶跃响应

如图 4-39 所示，设初始状态开关 S 接通 3，电容 C 的电压 $U_C = 0$。然后将 S 打向 1，此时电源通过电阻向电容充电，电容电压 $U_C = U_{Zst}(t)$，式中 τ 为电路的时间常数；电路稳定后（一般经过 3τ 后可近似看做稳定），将开关打向 3，此时电容通过电阻放电，电容 C 的电压为 $U_C = U_{Zin}(t)$。U_{ipp} 为输入信号的峰峰值。电压波形图如图 4-40 所示。

$$U_{Zst}(t) = U_{ipp} \times (1 - e^{-\frac{t}{\tau}}) \tag{4-7}$$

式中，$\tau = RC$。

$$U_{Zin}(t) = U_{ipp} \times e^{-\frac{t}{\tau}} \tag{4-8}$$

式中，$\tau = RC$。

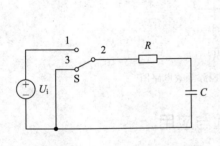

图 4-39 RC 串联电路

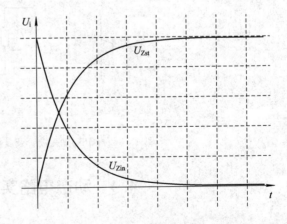

图 4-40 零状态、零输入响应波形图

2. 激励电压的选择

RC 的充、放电过程都是暂态过程，模拟示波器无法直接显示（只有周期信号能稳定显示）。如果要观察这两个过程，必须将这两个暂态过程变成周期的。如果将开关 S 按照一定的周期不断在 1、3 间转换，那么在 RC 两端就会出现周期方波信号，RC 电路就不断充电、放电，那么两个暂态过程变成周期的了。因此图 4-39 中的电源和开关可以用一个方波信号代替,如图 4-41 所示。用示波器就可观察电阻、电容两端的电压波形,注意测量一定要共地。

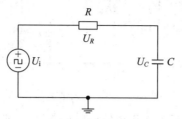

图 4-41　激励信号为方波的 RC 串联电路

R 和 C 上的电压波形和输入信号的频率有关系,为了能够看到完全响应的波形,输入信号的周期一定要比 RC 电路的时间常数大 5～10 倍。如果输入信号的周期过小,则看到的是不完全响应波形。

3. 时间常数的测量

在公式(4-7)中,$U_{Zst}(t)$ 的曲线可以用示波器测量得到,U_i 是输入信号的幅度,只有 τ 是未知数。如果在 $U_{Zst}(t)$ 曲线上找到 $t=\tau$ 的点,即令 $t=\tau$,那么公式就变为

$$U_{Zst}(t) = U_{ipp} \times (1 - e^{-\frac{t}{\tau}}) = U_{ipp} \times (1 - e^{-1}) = U_{ipp} \times (1 - 0.368) = 0.632\, U_{ipp}$$

$$(4-9)$$

公式说明,在 $U_{Zst}(t)$ 曲线(即零状态曲线)上,幅度为 $0.632\, U_{ipp}$ 的点所对应的时间就是时间常数 τ,如图 4-42 所示。

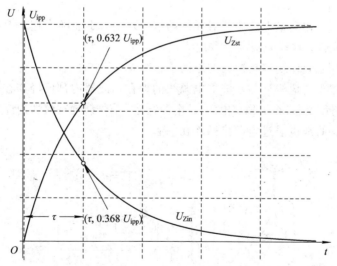

图 4-42　在零状态、零输入响应波形上测量时间常数

4. 积分电路和微分电路

(1) 如果输入信号的周期远远小于电路的时间常数 τ(即 $\tau \gg T/2$,其比值一般在 10 倍以上),那么 RC 电路就可以看成是一个积分电路。如图 4-43 所示,此时,几乎所有的电压都加在电阻 R 上,$u_r(t) \approx u_i(t)$,输出电压:

$$u_o(t) = u_C(t) = \frac{1}{C}\int i(t)\mathrm{d}t = \frac{1}{C}\int \frac{u_R(t)}{R}\mathrm{d}t \approx \frac{1}{RC}\int u_i(t)\mathrm{d}t \qquad (4-10)$$

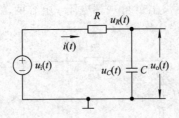

图 4 - 43　积分电路图

（2）如果输入信号的周期远远大于电路的时间常数 τ（即 $\tau \ll T/2$，其比值一般在 10 倍以上），那么 RC 电路就可以看成是一个微分电路，如图 4 - 44 所示。此时，几乎所有的电压都加在电容 C 上，$u_C(t) \approx u_i(t)$，输出电压：

$$u_o(t) = u_r(t) = Ri(t) = RC\frac{\mathrm{d}u_C(t)}{\mathrm{d}t} \approx RC\frac{\mathrm{d}u_i(t)}{\mathrm{d}t} \tag{4-11}$$

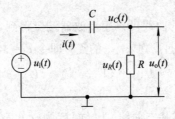

图 4 - 44　微分电路图

5. 共地

对于交流信号，在测量电路中任意元件两端电压时，不能随意用一个探头跨接在其两端。对于非接地元件，这样做极易导致地线短路。

如图 4 - 45 所示，地线容易短路的原因是：

（1）示波器探头的地线夹与示波器电源线的地在示波器内部已经连在一起。

（2）大多数测量仪器（除了稳定电源）的电源线地、信号线地在仪器内部都是连在一起的。

（3）不同仪器的地也通过电源排插连在一起。

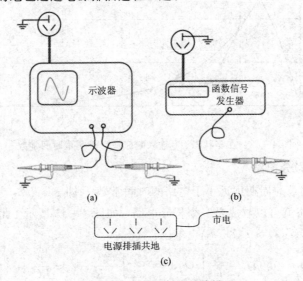

图 4 - 45　仪器及插座地线设置

下面看两个例子：

（1）如图 4-46 所示，如果企图用一个探头测量 C_1 两端的电压，后果将是 R_2 被地线旁路掉。

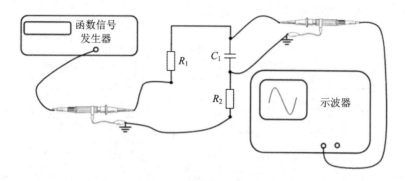

图 4-46 测量 C_1 的错误接法

如图 4-47 所示，实际上接入示波器探头后，电路结构将发生改变，R_2 被地线旁路了。这显然与我们的预想完全不同，当然测量的结果也是错误的。

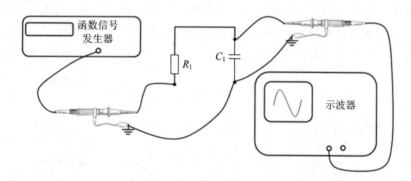

图 4-47 测量 C_1 的错误接法造成的实际后果

（2）在图 4-48 中，如果企图测量 R_2 两端电压，后果将是电源通过示波器探头地线短路，这可能损坏示波器和电源。

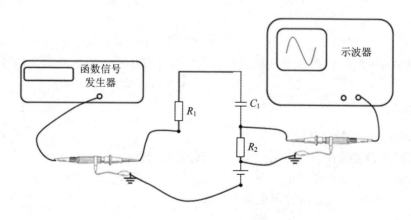

图 4-48 测量 R_2 的错误接法

那么应该如何正确测量呢？正确测量的方法有以下三种：

（1）如果在不改变电路结构的前提下，可以改变电路中各元件的连接顺序，然后再测量。对于例（1），可以先交换 C_1 和 R_2 的连接顺序，然后再进行测量，如图 4-49 所示。此时，示波器和信号发生器的探头满足"共地"要求。

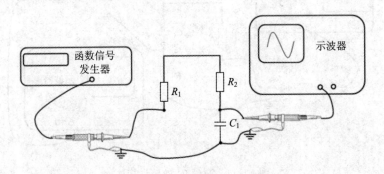

图 4-49　测量 C_1 的正确接法

（2）如果电路中各元件的连接顺序无法改变，可以同时用示波器两个通道测量被测元件两端各自对地的电压，然后将这两个信号相减。比如第二个例子，用示波器两个通道分别测量 R_2 上端对地电压 U_1（CH1 通道）和下端对地电压 U_2（CH2 通道），$U_1 - U_2$ 就是 R_2 两端的电压值，如图 4-50 所示。

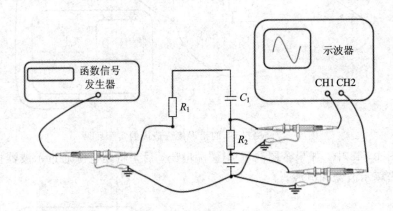

图 4-50　测量 R_2 的正确接法

（3）使用专门为浮地测量设计的差分探头，这样利用示波器测量时无需考虑共地的问题。

四、实验步骤

1. 选择元件、调整仪器

（1）按照实验要求在实验箱元件库中选择合适的元件。

（2）将函数信号发生器设定为方波，调整信号峰峰值（Vpp）为 3 V，频率为 2.5 kHz。将信号接入电路，然后用示波器测量相关参数。

注意：连接电路时候一定要共地！

2. 观察 *RC* 电路响应波形

在实验箱元件库中选择元件 $R=10\ \text{k}\Omega$，$C=2200\ \text{pF}$，按照图 4-43 接线，用示波器测量电容两端电压 u_C，并在示波器上直接测量出时间常数 τ，记录相关参数到表 4-29，在同一坐标系中画出波形，并写出测量时间常数的方法。

表 4-29 时间常数记录

参　　数	u_C	
周期		
电压峰峰值		
测量时间常数 τ		
计算时间常数 τ 理论值		
对比时间常数与 $T/2$ 的大小关系		画出波形及记录测量方法

3. 测量积分电路参数

按照图 4-43 接线，取 $R=10\ \text{k}\Omega$，$C=0.22\ \mu\text{F}$，进行积分电路参数测量，记录相关参数到表 4-30。计算 τ，并把 τ 和输入信号的周期相比较（注意：u_C 的波形可能很小，需要仔细调示波器）。

表 4-30 积分电路参数记录

参　　数	u_C	
周期		
电压峰峰值		
计算时间常数 τ 理论值		
对比时间常数与 $T/2$ 的大小关系		画出波形

4. 测量微分电路参数

按照图 4-44 接线，取 $C=0.1\ \mu\text{F}$，$R=100\ \Omega$，用示波器测量电阻两端电压 u_R，记录相关参数到表 4-31。计算 τ，并把 τ 和输入信号的周期相比较。

表 4-31 微分电路参数记录

参　　数	u_R	
周期		
电压峰峰值		
计算时间常数 τ 理论值		
对比时间常数与 $T/2$ 的大小关系		画出波形

五、Multisim 10 的仿真分析

1. 时间常数的测量

（1）启动 Multisim 10，搭建如图 4-51 所示的仿真电路。注意仿真电路的参数与前面实验电路的参数不同，可自行选取，但必须满足条件 $\tau \ll T/2$。

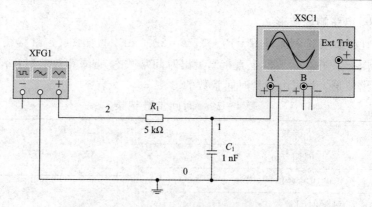

图 4-51   测量 RC 电路时间常数仿真电路图

（2）将函数信号发生器波形设置为方波，参数设置如图 4-52 所示，其中 Frequency 为频率，Duty Cycle 为占空比，Amplitude 为幅度，峰峰值为 4Vpp 的方波对应的幅度即为 2Vp，Offset 为直流偏置电压，为保证最低点电压为 0 V，我们将此处设置为 2 V。

图 4-52   函数信号发生器方波设置

（3）调节示波器参数，观察充、放电波形，如图 4-53 所示。

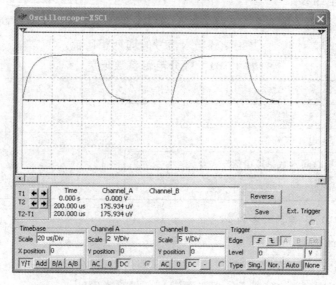

图 4-53   示波器显示波形

（4）测量时间常数。

① 先测量出该波形的峰峰值：移动示波器上红色的游标（T1）对准初始值（最低点），蓝色游标（T2）对准最高点（终值），相应的电压及两者的差值如图4-54所示，测量出的峰峰值为4 V。

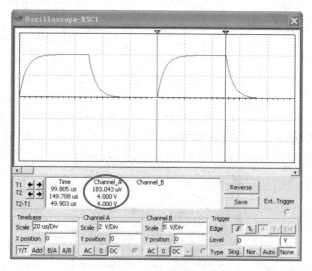

图4-54 测量峰峰值

② 将蓝色游标（T2）移动到终值的63.2%，即移动到$4 \times 0.632 = 2.528$ V所在位置，因示波器精度问题，图中移动到2.489 V所在位置，此时T2-T1即为时间常数。由图可见，$\tau = 5.068$ μs，如图4-55所示。

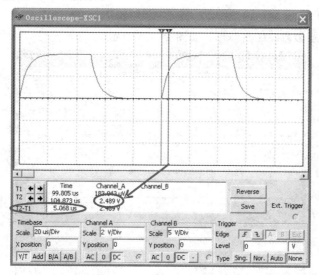

图4-55 测量时间常数

2. 积分电路的测量

（1）搭建如图4-56所示的仿真电路。此时采用双通道同时测量输入和输出波形。

注意：仿真电路的参数与前面实验电路的参数不同，可自行选取，但必须满足条件 $\tau \gg T/2$。

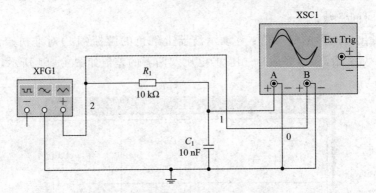

图 4-56   测量积分电路参数的仿真电路图

（2）将函数信号发生器波形设置为方波，参数设置如图 4-57 所示。

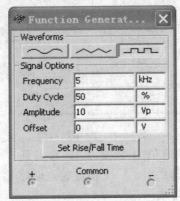

图 4-57   函数信号发生器方波设置

（3）调节示波器参数，观察波形，如图 4-58 所示。

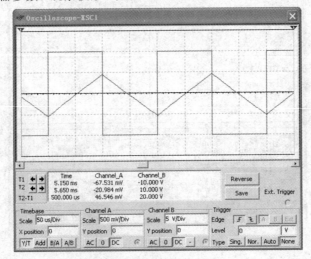

图 4-58   示波器显示波形

（4）改变 R 或 C 值后，重新仿真，观察波形的变化。

（5）改变输入信号的频率，重新仿真，观察波形的变化。

3. 微分电路

（1）启动 Multisim 10，搭建如图 4-59 所示的仿真电路。此时采用双通道同时测量输入和输出波形。

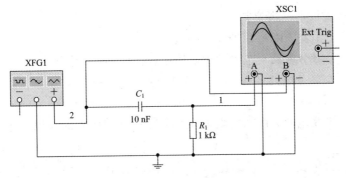

图 4-59 测量微分电路参数的仿真电路图

注意：仿真电路的参数与前面实验电路的参数不同，可自行选取，但必须满足条件 $\tau \ll T/2$。

（2）将函数信号发生器波形设置为方波，参数设置如图 4-60 所示。

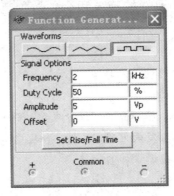

图 4-60 函数信号发生器方波设置

（3）调节示波器参数，观察波形，如图 4-61 所示。

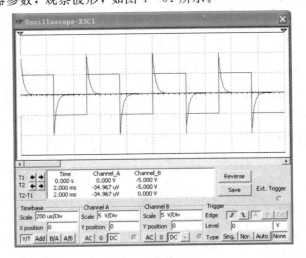

图 4-61 示波器显示波形

（4）改变 R 或 C 值后，重新仿真，观察波形的变化。

（5）改变输入信号的频率，重新仿真，观察波形的变化。

六、思考题

（1）为什么测量波形时需要共地？

（2）积分、微分电路有哪些用处？请举例说明。

（3）积分电路、微分电路对信号发生器周期有什么要求，为什么？

（4）积分电路与微分电路的时间常数能否通过测量得到，如果可以，测量出来，如果不可以，请说明原因。

（5）一个 RC 串联电路，已知电阻 R 的阻值，请利用所学的知识设计一种方法，测量出电容 C 的大小。

七、实验报告要求

（1）分析误差，讨论误差的可能来源，尤其对微分电路的 u_R 幅度进行分析。

（2）根据误差大小等相关数据，给出实验结论。

实验二　RL 元件的简单积分、微分电路（设计性）

实验预习要求：

（1）认真理解实验一 RC 电路的基本理论。

（2）熟悉 RL 电路的基本理论。

（3）参照实验一的实验步骤，根据积分、微分电路的近似条件（时间常数 τ 和输入信号周期 T 的关系），以及实验台上给定的电路、元件，合理选择输入信号以及 RL 元件。

（4）对 RL 电路进行仿真，验证设计的性能。

一、实验目的

（1）掌握 RL 电路时间常数的测量方法。

（2）进一步理解积分、微分电路。

（3）学会设计、测量 RL 电路参数。

二、设计要求

（1）当输入 4 kHz 方波时，要求能看到完全的零状态、零输入响应过程（即电阻上的电压能从输入信号的最小值上升到输入信号的最大值）。

（2）当输入 1 kHz 方波时，电感上的电压输出和脉冲序列比较接近。

（3）当输入 32 kHz 方波时，电阻上的输出波形比较接近三角波。

三、给定条件

电感：10 mH。

其他元件：从实验箱上自选。

四、实验设计任务

（1）设计合适的时间常数。

（2）通过理论计算，选择的合适电阻。

五、实验仪器

示波器	一台
函数信号发生器	一台
电路分析实验箱	一台
万用表	一块

六、实验原理

自己推导。

七、实验步骤

自己设计。

八、实验数据及处理

（1）记录相关波形数据，自拟表格。

（2）分析理论与实际误差。

（3）给出实验结论(是否达到预期指标，成功与否)。

实验所涉及知识的实际意义及实际应用：

积分、微分电路应用范围很广，比如积分电路可以用于滤波、微分电路。在通信中可以用来产生特定脉冲信号(如判决时钟)。

实验三　二阶 RLC 串联电路的阶跃响应

实验预习要求：

问题：假设有一个系统(比如二阶系统)，给这个系统输入一个电压 U_S，并希望这个系统的输出可以尽快达到 U_S 并稳定下来，你能调节这个系统的参数，使时间最短吗？

（1）预习二阶微分方程的解法。

（2）预习二阶 RLC 系统的解的三种情况。

（3）对实验进行仿真。

一、实验目的

（1）研究 RLC 串联电路的零状态响应和阶跃响应。

（2）测量临界阻尼电阻的两个 R 值。

（3）研究欠阻尼时，元件参数对 β 和固有频率的影响。

二、实验仪器

函数信号发生器	一台
示波器	一台
万用表	一块
直流电路实验箱	一台

三、实验原理

如图 4-62 所示，r_S 为信号发生器内阻，L 为电感，r_L 为电感的电阻，设 $R = r_L + R_1 + R_S$。

当给电路加阶跃信号时（零状态响应），此回路的微分方程如下：

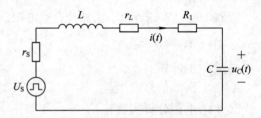

图 4 - 62 二阶 RLC 串联电路
（含信号源内阻及电感的电阻）

$$LC\frac{\mathrm{d}^2 u_C(t)}{\mathrm{d}t^2} + RC\frac{\mathrm{d}u_C(t)}{\mathrm{d}t} + u_C(t) = U_S$$

$$(4-12)$$

初始条件：

$$u_C(0^-) = 0, \quad i_L(0^-) = 0$$

当电路稳定后（$u_C(t) = U_S$），撤除阶跃信号时（零输入响应），此回路的微分方程如下：

$$LC\frac{\mathrm{d}^2 u_C(t)}{\mathrm{d}t^2} + RC\frac{\mathrm{d}u_C(t)}{\mathrm{d}t} + u_C(t) = 0 \qquad (4-13)$$

初始条件：

$$u_C(0^-) = U_S, \quad i_L(0^-) = 0$$

上面式（4 - 12）、式（4 - 13）具有相同的特征方程，只是初始值不同，其特征根为

$$s_{1,2} = -\frac{R}{2L} \pm \sqrt{\left(\frac{R}{2L}\right)^2 - \frac{1}{LC}} = -\delta_1 \pm \sqrt{\delta_1^2 - \omega_0^2} \qquad (4-14)$$

其中，

$$\delta_1 = \frac{R}{2L}, \quad \omega_0 = \frac{1}{\sqrt{LC}}$$

（1）$\delta_1 < \omega_0$，即 $R < 2\sqrt{\dfrac{L}{C}}$——欠阻尼振荡过程。

式（4 - 14）中，令 $\omega_1 = \sqrt{\omega_0^2 - \delta_1^2}$，则该式可以写成

$$s_{1,2} = -\delta_1 \pm \mathrm{j}\omega_1$$

δ_1 称为阻尼常数，ω_1 称为有衰减时的振荡角频率，ω_0 称为无衰减时的谐振（角）频率。对于零状态响应，式（4 - 12）的解为

$$u_C = U_{iP}\left[1 - \frac{\omega_0}{\omega_1} \cdot \mathrm{e}^{-\delta_1 t} \cdot \sin(\omega_1 t + \beta_1)\right]$$

式中，

$$\beta_1 = \arctan\frac{\omega_1}{\delta_1}$$

对于零输入响应，式（4 - 13）的解为

$$u_C = U_S \cdot \frac{\omega_0}{\omega_1} \cdot \mathrm{e}^{-\delta_2 t} \cdot \sin(\omega_1 t + \beta_1)$$

（2）$\delta_1 > \omega_0$，即 $R > 2\sqrt{\dfrac{L}{C}}$——过阻尼非振荡过程。

由式（4 - 14）可见，$s_{1,2}$ 为两个不相等的负实数，此时

零状态响应，电容电压 u_C 为

$$u_C(t) = U_S\left[\frac{1}{s_1 - s_2}(s_2 \mathrm{e}^{s_1 t} + s_1 \mathrm{e}^{s_2 t}) + 1\right]$$

零输入响应，电容电压 u_C 为

$$u_C(t) = \frac{U_S}{s_2 - s_1}(s_2 e^{s_1 t} - s_1 e^{s_2 t})$$

（3）$\delta_1 = \omega_0$——临界阻尼非振荡过程。

$s_1 = s_2 = -\delta_1$ 为两个相等的负实数，此时

零状态响应，电容电压 u_C 为

$$u_C(t) = U_S[1 - (1 + \delta_1 t)e^{-\delta_1 t}]$$

零输入响应，电容电压 u_C 为

$$u_C(t) = U_S(1 + \delta_1 t)e^{-\delta_1 t}$$

从图 4-63 中可以看出，当为给定的二阶系统加一个电压 U_S 后，其输出电压与参数关系如下：欠阻尼状态最先到达 U_S，但它会振荡，不容易稳定；过阻尼状态不会振荡，但其到达 U_S 的时间最长；临界阻尼状态下，它既不会振荡，到达 U_S 的时间又相对较短。

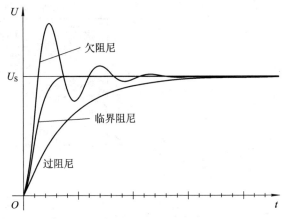

图 4-63　欠阻尼、临界阻尼及过阻尼

四、实验步骤

（1）按图 4-64 连接电路。图中 r_S 为信号发生器内阻，一般为 50 Ω，r_L 为电感内阻，其大小可以直接用万用表测量（注意测量的时候电感必须从电路中断开），$L = 51$ mH，R_1 从实验箱中选取 10 kΩ 的可变电阻，$C = 0.01$ μF。

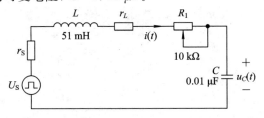

图 4-64　实验电路及参数（含信号源内阻及电感的电阻）

（2）信号发生器选择方波，调整信号发生器的频率为 1 kHz 左右，峰峰值为 4 V，用示波器测量。

（3）调整电阻 R_1，使其出现三种状态，在每种状态中都用万用表测量 R_1 大小（注意测量方法），相关参数和波形填入表 4-32 中。

注意：测量临界阻尼状态时，先达到欠阻尼状态，然后慢慢减小电阻 R_1，等到欠阻尼振荡波形的第一个峰刚好变平时就得到了临界阻尼状态。

表 4 − 32　相关参数和波形记录

	R_1	r_L	r_S	$2\sqrt{\dfrac{L}{C}}$	波形以及波形参数
欠阻尼					
临界阻尼					
过阻尼					

波形栏中标注有坐标轴 U（纵轴）和 t（横轴），原点为 O。

五、Multisim 10 仿真分析

（1）启动 Multisim 10，搭建如图 4 − 65 所示的仿真电路。

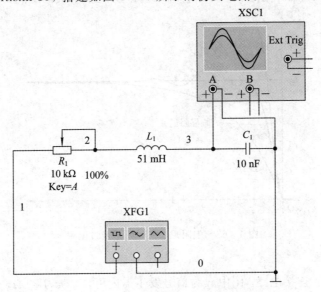

图 4 − 65　二阶 RLC 串联仿真电路

（2）设置函数信号发生器波形为方波，参数设置如图 4 − 66 所示。

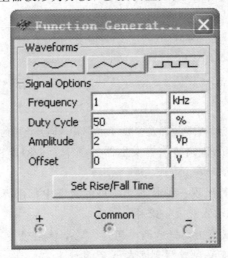

图 4 − 66　函数信号发生器波形设置

（3）改变 R 的值，观察波形的变化。

当 R 取最大值的 80% 时，波形如图 4-67(a) 所示；

当 R 取最大值的 40% 时，波形如图 4-67(b) 所示；

当 R 取最大值的 20% 时，波形如图 4-67(c) 所示；

当 R 取 0 Ω 时，波形如图 4-67(d) 所示。

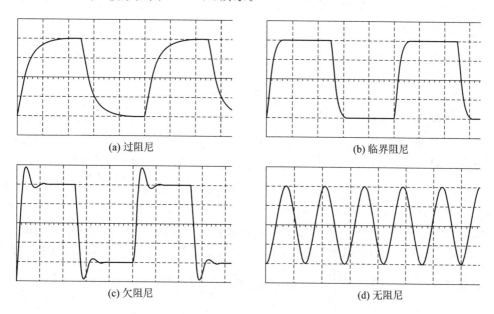

(a) 过阻尼 (b) 临界阻尼

(c) 欠阻尼 (d) 无阻尼

图 4-67 波形

六、实验报告要求

（1）根据数据，对照图形分析各种情况。

（2）给出实验结论。

七、思考题

（1）RLC 电路处于欠阻尼状态有哪几种振荡形式？

（2）RLC 电路处于欠阻尼状态有哪些危害？是否也有益处？

实验所涉及知识的实际意义及实际应用：

本实验有助于对系统控制进行初步理解，它表明通过一定的参数设置，可以使某些系统的性能得到改善。

实验四 RC 串联电路的电容充电速度的提高（研究性）

实验预习要求：

接上个实验的问题：假设有一个 RC 一阶电路，给其加一个阶跃信号 U_S。根据前面所完成的实验，你能够通过增加某些元件使电容 C 上的电压以尽可能短的时间达到 U_S 并稳定下来吗（允许有一定的误差）？

（1）复习前面实验。

（2）查阅系统控制相关知识。

（3）认真完成电路的仿真（必做），并打印出结果。

一、实验目的

（1）研究 RC 电路的充放电时间和速度。

（2）利用 LR 电路改变 RC 电路的充、放电速度。

二、实验仪器

函数信号发生器	一台
示波器	一台
万用表	一块
直流电路实验箱	一台

三、实验原理

电路图如图 4 - 68 所示，电路的时间常数 $\tau = RC$，当 U_i 为阶跃信号时，$u_o = U_i(1 - e^{-t/\tau})$，当 $t = 4\tau$ 时，$u_o = 0.9817\,U_i$，可以近似认为已经达到了输出稳定值，如图 4 - 69 所示。此时系统经历的时间为 $4RC$。在图 4 - 68 的基础上加上一个 RL（原来的 RC 值不能变）电路（见图 4 - 70），使电路处于欠阻尼状态。调节 R_W 的值，使电路处于临界阻尼状态附近，这个时候，可以看到电容的充电时间变快了，如图 4 - 71 所示（注意：虚线框中的 R 必须满足条件 $R \leqslant 2\sqrt{\dfrac{L}{C}}$，且必须接近值 $2\sqrt{\dfrac{L}{C}}$，否则效果不明显）。

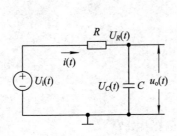

图 4 - 68　RC 串联电路

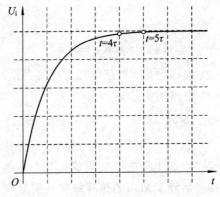

图 4 - 69　输出电压波形

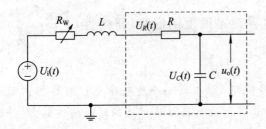

图 4 - 70　在原来 RC 串联电路基础上加入 RL 电路

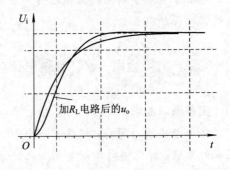

图 4 - 71　前、后输出电压波形对比

四、实验步骤

(1) 按照图 4-68 接线，取 $R=10\ \text{k}\Omega$，$C=2200\ \text{pF}$。信号发生器频率为 5 kHz，峰峰值 3 Vpp。

(2) 按照第一个实验测量出时间常数 τ，画出波形。用双通道显示 U_i 和 u_o 的波形，并测量出当电容电压到达输入电压（既电压基本稳定）的时间 t_r，将所测参数和波形填入表 4-33 中。

表 4-33 参数和波形记录

时间常数 τ		U_i、u_o 波形以及波形参数
到达时间 t_r		

(3) 在前面实验的基础上，加入 RL 电路，$R_w=1\ \text{k}\Omega$，$L=51\ \text{mH}$，按照图 4-70 接线。调整 R_w，使电路处于临界阻尼状态（可以稍偏向欠阻尼状态一点），此时测量 u_o 到达 U_i 的时间 t_r，记录波形和波形参数，填入表 4-34 中。

表 4-34 波形和波形参数记录

		U_i、u_o 波形以及波形参数
到达时间 t_r		

五、实验报告要求

(1) 根据数据，对照图形 RC 和 RLC 的到达时间 t_r，给出结论。

(2) 为什么虚线框中的 R 必须满足条件 $R \leqslant 2\sqrt{\dfrac{L}{C}}$？如果不满足这个条件，能否达到加快 RC 充电时间的效果？

(3) 查阅资料，找出 RLC 电路欠阻尼状态下电容电压首次到达输入电压值的时间计算公式。

实验所涉及知识的实际意义及实际应用：

本实验实际上是一个简单系统控制的例子。通过加简单的控制元件，改善了系统的响应速度。

4.4.2　动态电路在工程中的应用

一、耦合电路

耦合电路广泛存在于各种放大电路的前、后级连接处，实现能量或信号的传递。如图4-72所示，如果前级送来的信号中既包含直流分量又包含交流分量，那么经过耦合电路后，信号的成分将会发生变化，直流分量将会被滤除，这就像一个过滤器一样，滤除杂质，获得需要的东西。

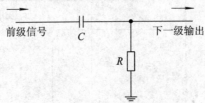

图4-72　耦合电路

示波器中的输入耦合方式（AC/DC）调整就利用了耦合电路，如图4-73所示。当选择交流耦合方式时，按键开关断开，电容接入电路，信号的直流分量被滤掉；但选择直流耦合方式时，按键开关接通，电容被短路，信号的所有分量直接送入示波器。

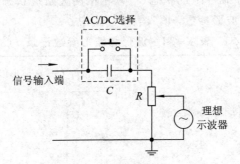

图4-73　示波器输入耦合方式简化电路

二、闪烁灯电路

闪烁灯常用在需要安全警示的场所，例如高的天线塔、建筑工地等。闪烁灯电路如图4-74所示。初始状态时，电容电压为零，灯不亮，阻值无穷大，相当于开路。当开关闭合时，电容两端电压逐渐增大，当增大到85 V时，灯点亮，其阻值相对于R较小，电容通过氖灯放电，电容两端电压迅速降低导致灯熄灭。灯熄灭后再次相当于开路，电容再次充电，如此反复，实现灯周期性闪烁。

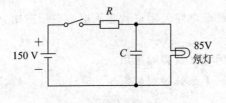

图4-74　闪烁灯电路

4.5 正弦电路实验与应用

4.5.1 实验

实验一 电容、电感的交流阻抗、阻抗角的测量

实验预习要求：

实验的问题：假设你手上现在有一个电容和一个电感，现有已知电阻若干，你能想办法用示波器和信号发生器测量出电容和电感的大小吗？

（1）预习正弦电路的内容。

（2）理解欧姆定律的相量形式。

（3）有条件的同学对电路先进行仿真，并打印出结果。

一、实验目的

（1）理解阻抗、阻抗角的概念。

（2）熟悉电容、电感的阻抗-频率特性。

（3）学会测量电感、电容的阻抗以及阻抗角。

二、实验仪器

函数信号发生器	一台
示波器	一台
万用表	一块
直流电路实验箱	一台

三、实验原理

1. 无源时不变系统中的交流信号可以用有效值相量表示

对于同频率的一系列信号，表示时可以不考虑信号的频率，$u(t)=\sqrt{2}U\cos(\omega t+\theta)$ 可用有效值相量 $\dot{U}=Ue^{j\theta}=U\angle\theta$ 表示。U 表示信号的有效值（也可以用峰值表示），θ 表示信号与 $\sqrt{2}U\cos(\omega t)$ 的相位差。同样，电流也可以用 $\dot{I}=Ie^{j\theta}=I\angle\theta$ 来表示，I 表示有效值（也可以用峰值表示）。

2. 交流稳态电路满足欧姆定律的相量形式

电路的阻抗 Z 满足：

$$Z=\frac{\dot{U}}{\dot{I}}$$

电阻、电容、电感阻抗分别为

$$Z_R=R,\quad Z_C=\frac{1}{j\omega C},\quad Z_L=j\omega L$$

其中，电阻上的电压和电流相位相同，电容上的电流比电压相位超前 $90°$，电感上的电压比电流相位超前 $90°$。由于在电路中无法测量电流波形，通常是通过测量电阻上的电压的波形而得到电流波形。

3. 电容、电感的交流阻抗测量方法

电容、电感的交流阻抗测量方法如图 4-75、图 4-76 所示。

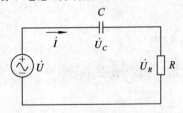 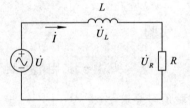

图 4-75　电容的交流阻抗测量方法　　　　图 4-76　电感的交流阻抗测量方法

RC 电路中，总阻抗为

$$Z = R + \frac{1}{j\omega C}$$

总电流为

$$\dot{I} = \frac{\dot{U}}{Z} = \frac{j\dot{U}\omega C}{j\omega RC + 1}$$

电容上的电压为

$$\dot{U}_C = Z_C \dot{I} = \frac{j\dot{U}\omega C}{j\omega RC + 1} \cdot \frac{1}{j\omega C} = \frac{\dot{U}}{j\omega RC + 1}$$

显然 $\dot{I}$ 和 $\dot{U}_C$ 相差 $90°$。RL 电路可以类似地证明。

在 RC（或 RL）串联电路中，电容（或电感）上的电流等于电阻上的电流，电阻上电流的相位等于电压的相位，电容（或电感）上的电压和总电流总是相差 $90°$。只要测量出电阻上的电压有效值（或峰峰值），就能得到总电流有效值（或峰峰值），再测得电容上的电压有效值（或峰峰值），就能根据欧姆定律的相量形式得到 Z_C（或 Z_L）。

4. RC（或 RL，只需要将电容相关参数换成电感的参数）串联电路阻抗角的测量

由于电阻电压 U_R 的相位和电流一致，$Z = \dfrac{\dot{U}}{\dot{I}} = \dfrac{\dot{U}}{\dot{U}_R} R$，求阻抗角实际就是求总电压 $\dot{U}$ 和电阻上电压的相位差 $\dot{U}_R$。

（1）相量法。$\theta = \arccos(U_R/U)$，或者 $\theta = \arctan(U_C/U_R)$，如图 4-77 所示。

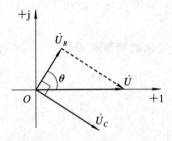

图 4-77　相量法测量阻抗角

（2）双踪法。如图 4-78 所示，在示波器双通道上分别显示输入信号 $\dot{U}$ 和电阻电压 $\dot{U}_R$ 的波形（等效于总电流的波形），测量两者的时间差 Δt，根据一个周期 T 相位为 $360°$，由时间差求出相位差，公式如下：

$$\theta = \frac{\Delta t(\text{总电压与总电流波形峰值时间差})}{T(\text{波形周期})} \times 360° \qquad (4-15)$$

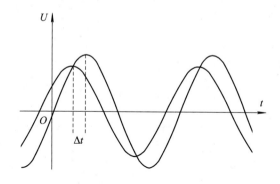

图 4 - 78　双踪法测量阻抗角

四、实验步骤

1. 测量电容阻抗频率特性

(1) 取 $R = 510\ \Omega$，$C = 0.01\ \mu\text{F}$。按照表 4 - 35 调整信号发生器频率，输入信号有效值为 2 V，波形为正弦波。

(2) 用示波器测量电阻、电容上的电压峰峰值(注意共地，参见"动态电路"中的实验一接法)。根据表上的数据，画出 $Z_C - f$ 的曲线。

表 4 - 35　信号频率参数

f/kHz	4	8	12	16	20	24	28	32
U_C/Vpp								
U_R/Vpp								
$I_R = U_R/R$								
$Z_C = U_C/I_R$								
Z_C(理论)								
误差								

2. 测量信号频率为 16 kHz 时的阻抗角

(1) 双踪法。调整信号发生器频率为 16 kHz，在示波器上双通道同时显示总电压 $\dot{U}$ 和电阻电压 $\dot{U}_R$ 的波形(注意调整电路，使示波器共地)，测量出时间差 Δt，根据式(4-15)计算相位差(阻抗角)，并记录波形以及相关参数。

(2) 相量法。根据表 4 - 35 中测量到的 16 kHz 时的 U_C、U_R 值(注意不能同时测量 U_C、U_R，因为无法满足共地的要求)，按照公式 $\theta = \arctan(U_C/U_R)$ 计算阻抗角，将两种方法所得结果进行对比，见表 4 - 36。

表 4 - 36　两种方法所得结果对比

阻抗角参数测量与计算			双踪法波形(在波形上标出 $U_总$ 和 U_R)
双踪法	测量时间差	$\Delta t =$	
	测量周期	$T =$	
	相位差(阻抗角) $\theta = 360° \times \Delta t / T$	$\theta =$	
相量法	测量 U_C		
	测量 U_R		
	阻抗角 $\theta = \arctan(U_C / U_R)$	$\theta =$	

3. 测量电容的电流波形,验证电容电压和电流相位相差 90°

在 RC 电路中,如果 $\dfrac{1}{j\omega C} \gg R$,那么电容上的电压近似等于输入电压,电阻的影响可以忽略不计,整个 RC 电路就相当于一个电容,这个时候总电流和总电压相位差应该非常接近 90°。

(1) 按照图 4-75 接线,取 $R = 200\ \Omega$, $C = 0.01\ \mu F$,调整信号发生器频率为 8 kHz。

(2) 示波器双通道显示总电压和电容上的波形(注意调整接线,共地),测量相位差 θ_1;双通道显示总电压波形和电阻上的波形,测量相位差 θ_2。在同一坐标系中,记录所有波形和参数并填入表 4-37 中。

表 4 - 37　波形和参数记录

		波　形
相位差	$\theta_1 =$	
相位差	$\theta_2 =$	

4. 测量电感阻抗频率特性(选做)

取 $L = 10$ mH, $R = 1$ kΩ,按照图 4-76 接线,重复前面步骤 1、2 的内容,将测量数据填入表 4-38 和表 4-39 中。

表 4 - 38　数 据 记 录

f/kHz	4	8	12	16	20	24	32	48
U_L/mVpp								
U_R/mVpp								
$I_R = U_R/R$								
$Z_C = U_L / I_R$								
Z_L(理论)								
误差								

表 4 - 39　数据记录

阻抗角参数测量与计算			双踪法波形（在波形上标出 $U_总$ 和 U_R）
双踪法	测量时间差	$\Delta t=$	
	测量周期	$T=$	
	相位差（阻抗角）$\theta = 360° \times \Delta t / T$	$\theta=$	
相量法	测量 U_L		
	测量 U_R		
	阻抗角 $\theta = \arctan(U_L/U_R)$	$\theta=$	

五、Multisim 10 仿真分析

1. 交流阻抗的测量

（1）启动 Multisim 10，搭建如图 4 - 79(a)、(b)所示的仿真电路。图 4 - 79(a)为测量电容电压的仿真电路；图 4 - 79(b)为测量电阻电压的仿真电路。注意仿真电路的参数与前面实验电路的参数不同，可自行选取。

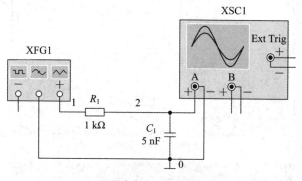

(a) 测量电容电压的仿真电路

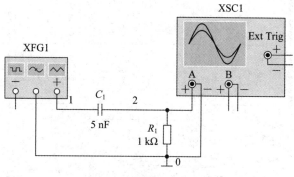

(b) 测量电阻电压的仿真电路

图 4 - 79　仿真电路

（2）设置函数信号发生器的波形为正弦波，参数设置如图 4 - 80 所示。

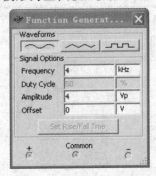

图 4 - 80　函数信号发生器波形设置

（3）调节示波器参数，观察波形，如图 4 - 81(a)、(b)所示。图 4 - 81(a)为测量电容电压的波形，其峰峰值为 7.933 V，图 4 - 81(b)为测量电阻电压的波形，其峰峰值为 997.218 mV。将这两个数据填入表 4 - 35 中。

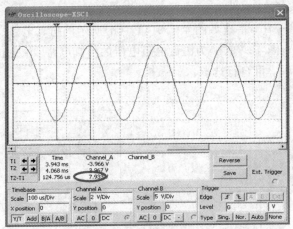

(a) 测量电容电压的波形

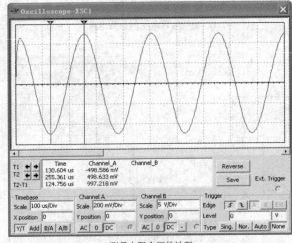

(b) 测量电阻电压的波形

图 4 - 81　测量波形

（4）按照表4-35要求，依次改变输入的正弦波频率，重复测量电容和电阻电压，将测量数据填入表中。

（5）测量完后进行数据处理，计算出电容的容抗。

2. 阻抗角的测量

（1）启动 Multisim 10，搭建如图4-82所示的仿真电路。注意仿真电路的参数与前面实验电路的参数不同，可自行选取。

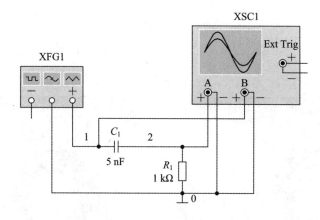

图4-82 双踪法测量阻抗角仿真电路

（2）设置函数信号发生器波形为正弦波，参数设置如图4-83所示。

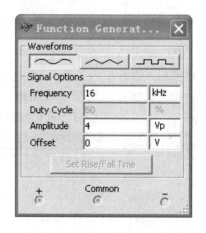

图4-83 函数信号发生器波形设置

（3）将示波器 B 路连线设置为蓝色，这样 B 路波形也会显示为蓝色，与 A 路波形颜色相区别，以方便观察。设置方法如下：

① 选中示波器 B 路连线，如图4-84所示。

② 在选中的连线上点击鼠标右键，在弹出的选项中选择"Segment Color"，弹出如图4-85所示的对话框。

③ 将鼠标移到蓝色区域，此时对话框右下角将出现红色和蓝色两种颜色，红色为当前颜色（Current），蓝色为改变设置后的颜色（New），点击"OK"，如图4-86所示。此时示波器 B 路连线变为蓝色，B 路波形也会变为蓝色。

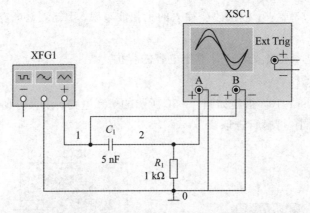

图 4-84 设置 B 路波形颜色

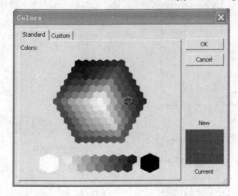

图 4-85 "颜色"对话框

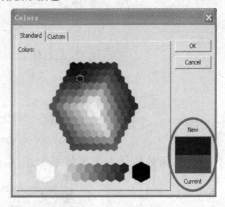

图 4-86 选择颜色

（4）调节示波器参数，观察波形，如图 4-87 所示，红色波形为 A 路（U_R），蓝色波形为 B 路（$U_总$）。将红色游标（T1）和蓝色游标（T2）分别移动到 U_R 和 $U_总$ 相邻的两个波峰处，测量出时间差 $T2-T1=10.916~\mu s$，代入公式即可计算出相位差。

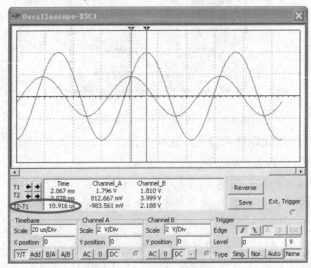

图 4-87 测量时间差

六、思考题

（1）为什么在测量总电流与总电压的阻抗角时，用电阻上的电压波形代替总电流波形？

（2）为什么在测量相位差时候，示波器二通道一定要关闭反相功能？

（3）用示波器双踪法测量波形时，得到 u_1、u_2 两个波形，如图 4-88 所示，请问哪个波形相位超前？为什么？

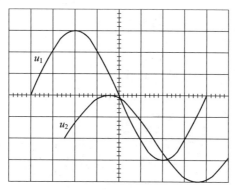

图 4-88 波形图

七、实验报告要求

（1）分析误差，讨论误差的可能来源。

（2）根据误差大小等相关数据，给出实验结论。

实验所涉及知识的实际意义及实际应用：

1. 幅频特性曲线

在本实验做完后，实验者可能会发现，随着输入信号频率的升高，电容上的电压越来越低。如果将 RC 电路看做一个系统，电容 C 上的电压看做系统的输出，这个系统的特性是随着输入信号频率的升高，系统的输出幅度越来越低。如果将输入信号的频率作为横轴，电容的输出幅度作为纵轴，画出的曲线就叫作电路的幅频特性曲线。

2. −3 dB、半功率点

在幅频特性曲线上，把曲线上幅度最高最平坦的部分看做 1，那么当曲线上幅度为这部分的 $1/\sqrt{2}$（大约是 0.707）的地方叫作半功率点——因为功率是电压的平方。如果将横坐标用对数表示，那么 $20\lg(1/\sqrt{2}) = -3$ dB。这个地方对应的频率点叫作截止频率。有些幅频特性曲线上半功率点只有一个（如高通、低通滤波器），它们只有一个截止频率；有些有两个点（如带通滤波器，RLC 谐振电路就是一个例子），它们有两个截止频率；一个是上截止频率；一个是下截止频率。上截止频率和下截止频率之差就是带宽，它是说明滤波器（或系统）性能的一个重要参数。

实验二　电感、电容大小的测量（设计性）

实验预习要求：

（1）结合上一个实验预习部分提出的问题，认真复习上个实验的内容。

(2) 复习动态电路的内容。

一、实验目的

(1) 进一步熟悉电容和电感的阻抗特性。

(2) 学会用实验测定电容、电感的大小。

二、设计要求

设计两种测量电容、电感大小的实验方案。

三、给定条件

电感：10 mH、20 mH、30 mH 和 51mH。

电容：任选。

其他元件：从实验箱上自选。

四、实验仪器

示波器	一台
函数信号发生器	一台
万用表	一块
电阻箱	一台

五、实验设计任务

(1) 写清楚实验原理以及其运算公式。

(2) 设计实验步骤。

(3) 比较测量结果，对测量误差进行分析。

六、实验数据及处理要求

(1) 记录相关波形数据，自拟表格。

(2) 分析理论与实际误差。

(3) 给出实验结论(是否达到预期指标，成功与否)。

实验提示：

(1) 方法：可以根据电路的时间常数测量或根据电路的交流阻抗测量。

(2) 测量仪器(或电子元件)的精度会影响测量误差，所以要从测量方法上多加考虑。

实验三　阻容降压电源电路(综合性)

实验预习要求：

实验问题：通常，电源电路都有一个变压器，它的作用是把高电压(220 V)变成低电压(如 15 V)，但是变压器体积大，成本高。实际应用中，在一些对电源要求不高(小功率)的场合，常使用阻容降压电源电路。

(1) 复习正弦电路的内容。

(2) 复习阻抗的内容。

(3) 预习正弦稳态电路的功率相关知识。

一、实验目的

（1）进一步理解阻抗、阻抗角的概念。

（2）进一步熟悉电容阻抗-频率特性。

（2）学会利用电容电阻将高电压降到器件的额定电压。

二、实验仪器

函数信号发生器	一台
示波器	一台
万用表	一块
直流电路实验箱	一台

三、实验原理

1. 电容限流

当输入电压（有效值）为 U，频率为 f，电容为 C，最大输出电流为

$$I = \frac{U}{\mid Z_C \mid} = 2\pi f C U$$

当信号频率为 50 Hz 时，1 μF 电容的电阻为

$$\mid Z_C \mid = \left| \frac{1}{j\omega C} \right| = 3184.7 \ \Omega$$

当接入 220 V、50 Hz 交流电的时候，1 μF 电容允许的最大电流为

$$I = \frac{220}{3184.7} = 69.1 \ \text{mA}$$

2. 纯阻性负载的电压和功率

当加入纯电阻负载 R，计算得阻抗角为

$$\theta = \arccos\left(\frac{R}{\sqrt{\mid Z_C^2 \mid + R^2}} \right) \qquad (4-16)$$

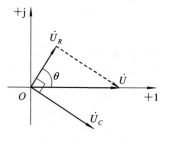

图 4-89 相量图

如图 4-89 所示，电阻电压相量与电容电压相量相互垂直，因此，电阻上的电压为

$$U_R = U \cos\theta = U \frac{R}{\sqrt{\mid Z_C^2 \mid + R^2}} \qquad (4-17)$$

电阻上的功率为

$$P = \frac{U_R^2}{R} = U^2 \frac{R}{\mid Z_C^2 \mid + R^2} \qquad (4-18)$$

上式对 R 进行求导，可得到 $R = \mid Z_C \mid$ 时，取得最大功率。

3. 某额定电压（功率）纯阻性负载阻容降压电路设计

根据前面的分析，设某纯阻性负载的额定电压为 U_R，额定功率为 P，可以按照如下方法选电容 C：

阻抗角计算公式为

$$\theta = \arccos\left(\frac{U}{U_R} \right) = \arccos\left(\frac{R}{\sqrt{\mid Z_C^2 \mid + R^2}} \right) = \arccos\left(\frac{R}{\sqrt{(1/\omega C)^2 + R^2}} \right) \quad (4-19)$$

由上式得到：

$$C = \sqrt{1 - \left(\frac{U_R}{U}\right)^2}\frac{R}{\omega} = \frac{R}{314}\sqrt{1 - \left(\frac{U_R}{U}\right)^2}$$

四、实验步骤

1. 测量阻容降压电路的负载特性曲线

(1) 选取电容为 1 μF，$R_L = 10$ kΩ 的电位器（或者电阻箱）。按照图 4-90 接线（元件在实验箱上自选）。

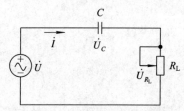

图 4-90　RC 串联电路

(2) 输入交流电压 U 的方式有两种：一是通过 220 V 的市电变压后得到有效值 $U = 15$ V 的交流电；二是通过函数信号发生器输出有效值为 7 V 的 50 Hz 交流电。根据情况选择输入信号。

(3) 调整 R_L 的值，用毫伏表测量 R_L 上的电压，完成表 4-40，根据表格，在不同的坐标系中作出电流、功率曲线。

表 4-40　数　据　记　录

R_L/Ω	685	1185	2185	3185	4185	6185
U_{R_L}						
I_{R_L}						
P_{R_L}						

2. 实用阻容降压稳压电路

注意：本实验是动手制作，测量时具有危险性，一定要按教师的要求做实验。

(1) 阻容降压稳压电路的制作。按照图 4-91 制作，它就是通常的阻容降压稳压电路，用在一些小功率电器上。图 4-92 为全波整流电路，电路功率要比图 4-91 大一些。设输入电压为 U，小电压半波整流输出时，最大输出电流即为

$$I_C = \frac{U}{2Z_C} = \pi f C U$$

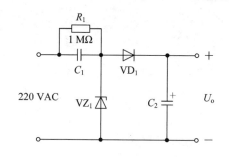

图 4-91　阻容降压稳压电路
（半波整流）

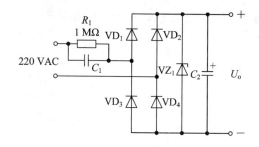

图 4-92　阻容降压稳压电路
（全波整流）

在小电压全波整流输出时，最大输出电流即为

$$I_c = \frac{U}{Z_c} = 2\pi f C U$$

1 MΩ 电阻作用是当断电时给电容 C_1 放电，它可以用 3～4 个 500 kΩ 的电阻串联制成。Z_1 的额定电流应该大于 I_c，例如 2CAW51。电容 C_1 的耐压须在 400 V 以上。电容 C_2 可选 10 μF 或 47 μF。二极管 VD_1 可选通常的整流二极管，如 1N4004 等。

（2）测量。按照实验步骤第一小节的方法测量图 4-91 电路的负载特性。

（3）测量好以后，可以在教师的指导下验证 220 V 电压的情况，一定要注意安全。

五、实验数据及处理要求

（1）记录相关波形数据。

（2）分析理论与实际误差。

（3）给出实验结论（是否达到预期指标，成功与否）。

实际采用电容降压时应注意以下几点：

（1）根据负载的电流大小和交流电的工作频率选取适当的电容。

（2）限流电容必须采用无极性电容，绝对不能采用电解电容，而且电容的耐压须在 400 V 以上。最理想的电容为铁壳油浸电容。

（3）电容降压不能用于大功率条件下，因为不安全。

（4）电容降压不适合动态负载。

（5）同样，电容降压不适合容性和感性负载。

（6）当需要直流工作时，尽量采用半波整流，不建议采用桥式整流，而且要满足恒定负载的条件。

4.5.2　正弦电路在工程中的应用

移相器（Phaser）是一种能够对电信号的相位进行调整的电路。移相器在雷达、导弹姿态控制、加速器、通信、仪器仪表甚至于音乐等领域都有着广泛的应用。最简单的移相器利用 RC 或 RL 电路即可实现，因为电路中的电容（电感）可以使电路电流超前（滞后）于电压。相移的大小由 R 与 C（或 L）的值及工作频率决定。常用的 RC 电路移相器如图 4-93 所示。

图 4-93(a)中输出电压 U_o 超前于输入电压 U_i 相位角 θ_1（ $0°<\theta_1<90°$）；图 4-93(b)中

输出电压 U_o 滞后于输入电压 U_i 相位角 $\theta_2(0°<\theta_2<90°)$。

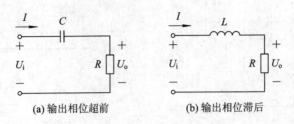

(a) 输出相位超前　　　　　　　(b) 输出相位滞后

图 4-93　常用的 RC 电路移相器

4.6　谐振电路实验与应用

4.6.1　实验

实验一　串联 RLC 谐振电路

实验预习要求：

谐振电路在生活中无处不在，收音机、电视机和手机的接收天线都是谐振电路，凡是涉及无线电的设备都要用到谐振电路。

(1) 复习电路阻抗知识。

(2) 弄清楚 RLC 电路谐振的条件。

(3) 预习电路谐振的相关参数，如频率、品质因素等。

一、实验目的

(1) 进一步理解电路谐振。

(2) 掌握 RLC 串联谐振电路的谐振频率、Q 值以及频率特性曲线的测量方法。

二、实验仪器

　　函数信号发生器　　　　　　　　　一台

　　示波器　　　　　　　　　　　　　一台

　　毫伏表　　　　　　　　　　　　　一块

　　直流电路实验箱　　　　　　　　　一台

三、实验原理

1. 串联谐振电路的参数

如图 4-94 所示，电路的总阻抗随输入信号的频率变化而变化，其大小为

$$Z = R_s + R + j\omega L - j\frac{1}{\omega C}$$

因此电流大小 i 也是随频率变化而变化的。如果输入信号维持其有效值不变，取电路的电流 i 为输出，那么

$$i = \frac{u_R}{R}$$

因此电流也是随频率的变化而变化的。如果以电流 i 为纵坐标，频率 f 为横坐标，所得曲线为电流谐振曲线，如图 4 - 95 所示。

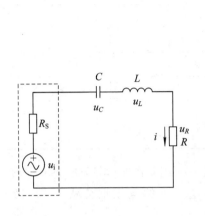

图 4 - 94 RLC 串联电路（含信号源内阻）

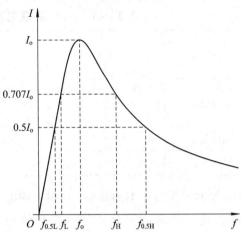

图 4 - 95 电流谐振曲线

当 $f = \dfrac{1}{2\pi \sqrt{(LC)}}$ 时，

$$j\omega L = j\frac{1}{\omega C}, \quad Z = R_s + R$$

此时电路发生谐振，电流最大，得到的频率为谐振频率 f_o。当增大输入信号频率，电流 I 减小到 $0.707 I_o$ 时，得到上截止频率 f_H；当减小输入信号频率，电流 I 减小到最大电流的 $0.707 I_o$ 时，得到下截止频率 f_L。此外，电路谐振还有两个重要参数：

通频带宽度：

$$B = f_H - f_L$$

品质因素：

$$Q = \frac{f_o}{B}, \quad \text{或者} Q = \frac{u_C}{u_i} = \frac{u_L}{u_i}, \quad \text{或者} Q = \frac{1}{\omega RC} = \frac{\omega L}{R} = \frac{1}{R}\sqrt{\frac{L}{C}}$$

2. 串联谐振电路参数的测量方法

根据上面的分析，可以以如下测量参数。首先，不断调整输入信号的频率，监测电路电流的变化，找到获得的最大电流的频率 f，就是谐振频率（电流的变化可以通过用示波器测量电阻上的电压来获得）。然后，调整信号发生器的频率（增大或者减小），使电路中的电流是最大电流的 0.707 倍，此时就能得到上、下截止频率的值，并能计算出相关参数。最后，多测量一些点，就能通过这些点绘出谐振曲线。

四、实验步骤

（1）取 $R = 510\ \Omega$，$C = 2200\ \text{pF}$，$L = 51\ \text{mH}$，按照图 4 - 94 接线。注意电感 L 也有电阻，可以用万用表先测量，信号发生器也有 $50\ \Omega$ 的内阻，这些都要考虑，否则会增大测量误差。

（2）调整信号发生器，频率为 15 kHz（根据公式计算其理论值约为 15 kHz），有效值为 2 V，波形为正弦波。用示波器测量电阻上的电压，调整信号发生器的输入频率，使示波器上的波形峰峰值达到最大(此时电阻上的电压最大,对应电路中电流最大),此时的频率即为谐振频率 f_o,电压就是 U_{R_o},电流就是谐振电流 I_o。将它填入表 4-41 中。

表 4-41　RLC 串联电路的谐振频率特性参数

输入频率	$f_{0.2L}$	$f_{0.5L}$	f_L	f_o	f_H	$f_{0.5H}$	$f_{0.2H}$
电阻电压	$0.2U_{R_o}$	$0.5U_{R_o}$	$0.707U_o$	U_{R_o}	$0.707U_{R_o}$	$0.5U_{R_o}$	$0.2U_{R_o}$
电阻电流							
计算参数	$B=$			$Q=$			

(3)增加信号发生器的频率,电阻上的电压会减小,当减小到 $0.707U_{R_o}$ 时,此时的频率就是上截止频率 f_H;减小信号发生器的频率,电阻上的电压也会减小,当减小到 $0.707U_{R_o}$ 时,此时的频率就是下截止频率 f_L。

(4)在上面步骤的基础上,继续增大或减小输入信号频率,当电阻上的电压减小到 $0.5U_{R_o}$、$0.2U_{R_o}$ 时,分别记录此时的频率到表 4-41 中(注:$f_{0.5L}$ 表示的是减小信号发生器的频率,当电阻上的电压下降到谐振时电阻上电压的 0.5 倍时对应的信号频率,见图 4-95)。

(5)改变元件的连接顺序(注意共地),分别测量表 4-41 中各个频率点上的电容、电感上的电压,填入表 4-42。

表 4-42　各频率点上的电容、电感的电压

输入频率	$f_{0.2L}$	$f_{0.5L}$	f_L	f_o	f_H	$f_{0.5H}$	$f_{0.2H}$
电容电压							
电感电压							

(6)研究部分(选做)。利用电路的谐振特性,结合上述测量参数,计算电路在谐振时的纯电阻。

五、Multisim 10 仿真分析

(1)启动 Multisim 10,搭建如图 4-96 所示的仿真电路。注意仿真电路的参数与前面实验电路的参数不同,可自行选取。

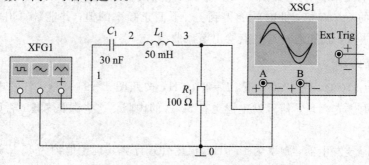

图 4-96　RLC 串联仿真电路

（2）检查电路的节点号是否显示在电路上。如果没有显示，在电路图空白处右键点击鼠标，在弹出的菜单中选择"Properties"，然后在弹出的对话框中选择"Circuit"选项卡，在其中的"Net Names"选项区中选择"Show All"，如图 4 - 97 所示。

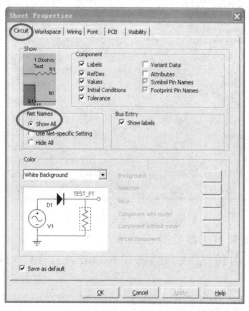

图 4 - 97　检查电路节点号

（3）在 Multisim 软件主菜单中依次选择"Simulate"→"Analyses"→"AC Analysis..."，如图 4 - 98 所示。

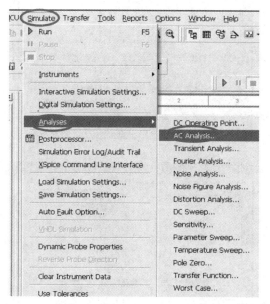

图 4 - 98　交流分析设置

（4）弹出"AC Analysis"的对话框，在"Frequency Parameters"选项卡中设置好起始频率（Start frequency）、终止频率（Stop frequency）、扫描形式（Sweep type）、显示点数（Number of points）、垂直刻度（Vertical scale），如图 4 - 99 所示。

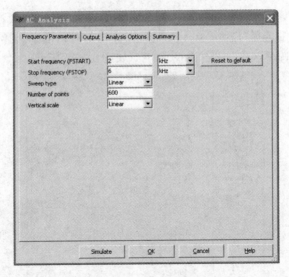

图 4-99　频率参数设置

（5）在"Output"选项卡中选择要分析的节点参数："V(3)"即电阻两端的电压，点击"Add"即可将节点参数添加到"Selected Variables for analysis"选项区中，如图 4-100(a)、(b)所示。

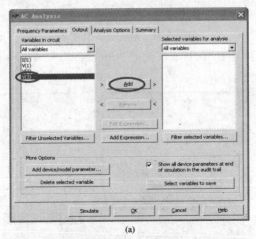

(a)

(b)

图 4-100　选择要分析的节点参数

（6）点击"Simulate"即可看到仿真结果，如图 4 - 101 所示。图 4.101(a)为幅频特性曲线，图 4.101(b)为相频特性曲线。

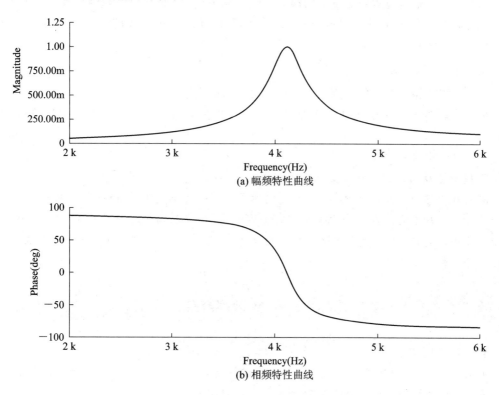

(a) 幅频特性曲线

(b) 相频特性曲线

图 4 - 101　幅频特性曲线和相频特性曲线

（7）为了找到谐振频率点，需要使用游标，方法是：先点击图 4.101(a)中幅频特性曲线，再选择"View"菜单下的"Show/Hide Cursors"，出现游标和游标对应的数据图表，如图 4 - 102 所示。

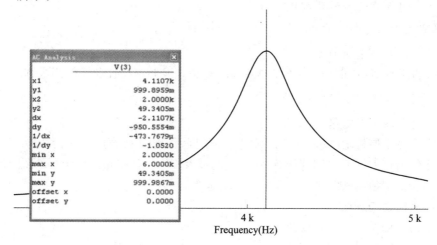

图 4 - 102　游标设置

（8）选择其中一个游标（图中选择游标 1），将其移动到最高点，对应的频率可从图 4 - 102 表中的参数"x1"读出，此时，谐振频率为 4.1107 kHz。

六、思考题

(1) Q 值理论值与实际测量值的误差大吗？如果很大，请分析其原因。

(2) 如果一个 RLC 串联谐振电路，R 大小已知，L、C 未知，请设计一个实验，利用信号发生器、示波器测量出 L、C 的大小。

七、实验数据及处理要求

(1) 计算电路相关参数的理论值，将它们与测量值相比较。

(2) 分析 Q 值理论值与实际测量值的误差。误差很大吗？如果很大，请尽可能找其原因。

(3) 给出实验结论。

实验所涉及知识的实际意义及实际应用：

在实际电路中，当信号频率不高时，电感等价于一个理想电感和一个小电阻串联，电容等价于一个理想电容与一个电阻的串联。因此 RLC 串联谐振电路中的品质因素总是比理论的要小。不过，利用谐振电路谐振时的特性，可以求出在谐振时 LC 串联时的纯电阻，你能推导出计算公式吗？

实验二　并联 RLC 谐振电路（设计性）

实验预习要求：

并联 RLC 谐振电路应用更加广泛，它在谐振时，LC 支路的阻抗非常大，其支路电流也非常大。它表现出来的性质与串联谐振电路是对偶的。

(1) 复习电路阻抗知识。

(2) 弄清楚并联 RLC 电路谐振的条件。

(3) 复习电路谐振的相关参数，如频率、品质因素等。

(4) 查阅并联谐振电路相关资料。

一、实验目的

(1) 进一步理解电路谐振。

(2) 掌握并联 RLC 谐振电路的谐振频率、Q 值以及频率特性曲线的测量方法。

二、设计要求

(1) 设计并联谐振电路。

(2) 设计测量谐振电路参数（谐振频率、品质因素、通频带宽度等）的实验方案。

(3) 能够测量 RLC 并联谐振电路的总电流以及 LC 并联支路的电流（提示：要测量某个电路的电流，必须在该电路中串联一个小的电阻）。

(4) 品质因素 $Q>4$。

(5) 谐振频率在 $6\sim20\ \text{kHz}$ 之间。

三、给定条件

电感：$10\ \text{mH}$、$20\ \text{mH}$、$30\ \text{mH}$、$51\ \text{mH}$。

电容：任选。

其他元件：从实验箱上自选。

四、实验仪器

示波器	一台
函数信号发生器	一台
毫伏表	一块
万用表	一块
电阻箱	一台

五、实验设计任务

（1）写清楚实验原理及其运算公式。

（2）设计实验步骤。

（3）比较测量结果，对测量误差进行分析。

六、实验数据及处理要求

（1）记录相关数据，自拟表格。

（2）分析理论与实际误差。

（3）给出实验结论（是否达到预期指标，成功与否）。

4.6.2 谐振电路在工程中的应用

一、收音机的输入调谐电路

收音机的调台过程就是谐振回路的调谐过程。我们知道：不同广播电台发射的信号频率各不相同，那么如何从成千上万个信号中选出需要的电台信号呢？图 4-103 是一个调幅收音机选频部分的简化电路图及其等效电路图，L_1 为接收天线，L_2 与 C 构成谐振电路，通过调节回路电容 C 的大小，就可以改变谐振回路的固有谐振频率，使之与所选信号的频率（要收听的电台频率）相等，这个过程就称为调谐。考虑到实际回路损耗，该电路等效电路图如图 4-103(b)所示，其中 R_{L_2} 为回路损耗，它的存在是由于电感阻抗并不为零；e_1、e_2、e_3 表示三个频率不同的电台，相当于我们实验中用到的信号发生器，改变电容的大小，使电路的谐振频率与其中一个电台的频率一致即可。这正好是我们所熟悉的 RLC 串联谐振电路。

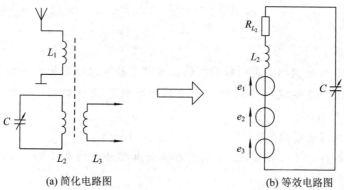

(a) 简化电路图　　　　　　　　　　　(b) 等效电路图

图 4-103　调幅收音机选频部分的简化电路图与其等效电路图

二、射频识别技术

用非接触方法进行身份识别的技术称为射频识别技术（Radio Frequency Identification，RFID），广泛用于电子门禁、身份识别、货物识别、动物识别、电子车票等场合。RFID 系统由计算机、读写器、应答器以及耦合器组成。应答器存放被识别物体的有关信息，其放置在要识别的移动物体上。耦合器可以是天线或线圈。近距离的射频识别系统采用耦合线圈。

图 4-104 所示为互感耦合 RFID 系统电路接口的等效电路。互感的初级部分等效为一个 RLC 串联电路，它连接信息读写器 v_s，v_s 发出高频信号，在初级电感 L_1（发送线圈）上产生感应电压。次级电路是应答器的接收等效电路，是一个 RLC 并联电路，L_2 是应答器的接收线圈。当应答器靠近读写器时，线圈之间发生互感，应答器从接收线圈上获得微弱能量使次级电路工作。

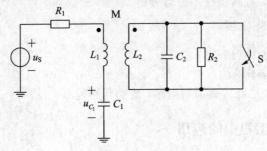

图 4-104　互感耦合 RFID 系统电路接口的等效电路

初级和次级电路的谐振频率均与 v_s 的频率相同。当开关 S 断开时，初级和次级电路都工作在谐振状态下，此时，初级回路电容 C_1 上有高电压；当开关 S 闭合时，次级回路失谐，影响到初级回路也失谐，失谐后，电容 C_1 上的电压显著下降。当开关 S 受到外部控制信号的影响而闭合或断开时，电容 C_1 上的电压跟着变化，读写器检测电容 C_1 上的电压幅度变化，从而得到应答器接收到的 ID 信息，由此实现信号从次级到初级的传递。

4.7　双口网络实验与应用

4.7.1　实验

实验预习要求：

对于任何一个线性网络，我们所关心的往往只是输入端口和输出端口的电压和电流间的相互关系。通过实验测定方法求取一个极其简单的等值双口电路来替代原网络，即为"黑盒理论"的基本内容。

（1）预习双口网络的内容。

（2）如果有条件，利用 MATLAB 计算矩阵计算实验中的参数值。

一、实验目的

（1）加深理解双口网络的基本理论。

(2)掌握直流双口网络传输参数的测量技术。

二、实验仪器

函数信号发生器	一台
示波器	一台
毫伏表	一块
直流电路实验箱	一台

三、实验原理

(1)一个双口网络两端口的电压和电流四个变量之间的关系,可以用多种形式的参数方式来表示。本实验采用输出口的电压 U_2 和电流 I_2 作为自变量,以输入口的电压 U_1 和电流 I_1 作为应变量,所得的方程称为双口网络的传输方程,如图 4－105 所示的无源线性双口网络(又称为四端网络)的传输方程为

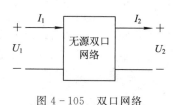

图 4－105 双口网络

$$U_1 = AU_2 + BI_2$$
$$I_1 = CU_2 + DI_2$$

式中,A、B、C、D 为双口网络的传输参数,其值完全决定于网络的拓扑结构及各支路元件的参数值,这四个参数表征了该双口网络的基本特性,它们的含义是

$$A = \frac{U_{10}}{U_{20}} \quad (令 I_2 = 0,即输出口开路时)$$

$$B = \frac{U_{1S}}{I_{2S}} \quad (令 U_2 = 0,即输出口短路时)$$

$$C = \frac{I_{10}}{U_{20}} \quad (令 I_2 = 0,即输出口开路时)$$

$$D = \frac{I_{1S}}{I_{2S}} \quad (令 U_2 = 0,即输出口短路时)$$

由上可知,只要在网络的输入口加上电压,在两个端口同时测量其电压和电流,即可求出 A、B、C、D 四个参数,此即为双端口同时测量法。

(2)若要测量一条远距离输电线构成的双口网络,采用同时测量法就很不方便,这时可采用分别测量法,即先在输入口加电压,而将输出口开路或短路,在输入口测量电压和电流,由传输方程可得

$$R_{10} = \frac{U_{10}}{I_{10}} = \frac{A}{C} \quad (令 I_2 = 0,即输出口开路时)$$

$$R_{1S} = \frac{U_{1S}}{I_{1S}} = \frac{B}{D} \quad (令 U_2 = 0,即输出口短路时)$$

然后在输出口加电压测量,而将输入口开路或短路,此时可得

$$R_{20} = \frac{U_{20}}{-I_{20}} = \frac{D}{C} \quad (令 I_1 = 0,即输入口开路时)$$

$$R_{2S} = \frac{U_{2S}}{-I_{2S}} = \frac{B}{A} \quad (令 U_1 = 0,即输入口开路时)$$

R_{10}、R_{1S}、R_{20}、R_{2S} 分别表示一个端口开路和短路时另一端口的等效输入电阻,这四个参数中的三个是独立的。

即
$$AD - BC = 1$$

至此,可求出四个传输参数:

$$A = \sqrt{\frac{R_{10}}{R_{20} - R_{2S}}}, \quad B = R_{2S}A, \quad C = \frac{A}{R_{10}}, \quad D = R_{20}C$$

(3) 双口网络级联后的等效双口网络的传输参数亦可采用前述的方法之一求得。从理论推得,两双口网络级联后的传输参数与每一个参加级联的双口网络的传输参数之间有如下的关系:

$$A = A_1 A_2 + B_1 C_2, \qquad B = A_1 B_2 + B_1 D_2$$
$$C = C_1 A_2 + D_1 C_2, \qquad D = C_1 B_2 + D_1 D_2$$

四、实验内容

双口网络实验线路如图 4-106、图 4-107 所示。将直流稳定电源调至 10 V,作为双口网络的输入电压。

(1) 按同时测量法分别测定两个双口网络的传输参数 A_1、B_1、C_1、D_1 和 A_2、B_2、C_2、D_2,并列出它们的传输方程。将图 4-106、图 4-107 测量值分别填入表 4-43、表 4-44 中。

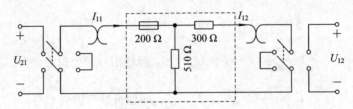

图 4-106 双口网络 I

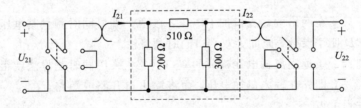

图 4-107 双口网络 II

表 4-43 双口网络 I 的传输参数

双口网络 I		测量值			计算值	
	输出端开路 $I_{12}=0$	U_{110}/V	U_{120}/V	I_{110}/mA	A_1	B_1
	输出端短路 $U_{12}=0$	U_{11S}/V	I_{11S}/mA	I_{12S}/mA	C_1	D_1

表 4 - 44　双口网络 II 的传输参数

双口网络 II	输出端开路 $I_{22}=0$	测 量 值			计算值	
		U_{210}/V	U_{220}/V	I_{210}/mA	A_2	B_2
	输出端短路 $U_{22}=0$	U_{21S}/V	I_{21S}/mA	I_{22S}/mA	C_2	D_2

（1）两个双网络级联后，用两端口分别测量法测量级联后等效双口网络的传输参数 A、B、C、D，将相关数据填入表 4 - 45 中，并验证等效双口网络传输参数与级联后的两个双口网络传输参数之间的关系。

表 4 - 45　级联后等效双口网络的传输参数

输出端开路 $I_2=0$			输出端短路 $U_2=0$			计算传输参数
U_{10}/V	I_{10}/mA	$R_{10}/k\Omega$	U_{1S}/V	I_{1S}/mA	$R_{1S}/k\Omega$	
输出端开路 $I_1=0$			输出端短路 $U_1=0$			$A=$ $B=$ $C=$ $D=$
U_{20}/V	I_{20}/mA	$R_{20}/k\Omega$	U_{2S}/V	I_{2S}/mA	$R_{2S}/k\Omega$	

五、实验数据及处理要求

（1）计算电路相关参数的理论值，将它们与测量值相比较。

（2）分析实验的结果，给出实验结论。

4.7.2　双口网络在工程中的应用

在电子设备和仪器中，为了调节信号的强弱，常用由纯电阻构成的 T 形和 II 形双口网络介于电源与负载之间，这种二端口网络称为衰减器（Attenuator），如图 4 - 108 和图 4 - 109 所示。

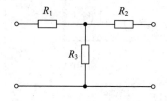

图 4 - 108　T 形双口网络

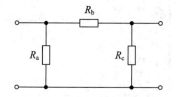

图 4 - 109　II 形双口网络

第5章　电子设计、仿真和制作

Multisim 10 是美国 NI 公司推出的电路仿真软件。Multisim 10 提供了全面集成化的设计环境,适用于板级的模拟/数字电路板的设计工作。它包含了电路原理图的图形输入、电路硬件描述语言输入方式,具有丰富的仿真分析能力,可以完成从原理图设计输入、电路仿真分析到电路功能测试等工作。当改变电路连接或改变元件参数,对电路进行仿真时,可以清楚地观察到各种变化对电路性能的影响。

5.1　Multisim 10 的基本操作

Multisim 10 基本界面如图 5-1 所示。它包括菜单栏、工具栏、元器件栏、仪器仪表栏、电路工作区等几大部分。

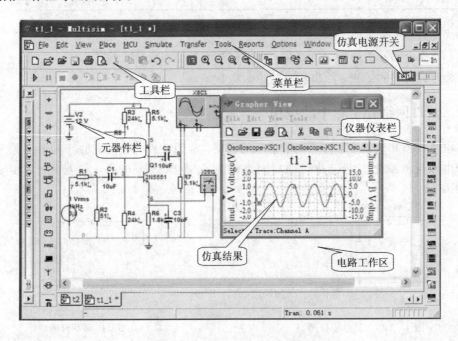

图 5-1　Multisim 10 基本界面

一、Multisim 10 菜单栏

如图 5 - 2 所示，菜单栏包括了该软件的所有操作命令，从左至右为 File(文件)、Edit (编辑)、View(视图)、Place(放置)、MCU、Simulate(仿真)、Transfer(文件输出)、Tools (工具)、Reports(报告)、Options(选项)、Window(窗口)和 Help(帮助)。

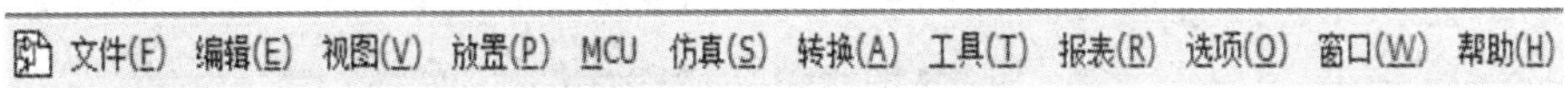

图 5 - 2　Multisim 10 菜单栏

二、Multisim 10 元器件栏

元器件栏是一个浮动窗口，用鼠标右击该工具栏可以选择不同的工具栏，或者用鼠标单击并按住工具栏，便可以随意拖动。

如图 5 - 3 所示，元器件栏包括电源、电阻、二极管、三极管、集成电路、TTL 集成电路、COMS 集成电路、数字器件、混合器件库、指示器件库、其他器件库、电机类器件库、射频器件库、导线、总线等。

图 5 - 3　Multisim 10 元器件栏

三、Multisim 10 仪器仪表栏

Multisim 10 仪器仪表栏提供了 21 种虚拟仪器，这些虚拟仪器与现实中所使用的仪器一样，可以直接通过仪器观察电路的运行状态。同时，虚拟仪器还充分利用了计算机处理数据速度快的优点，对测量的数据进行加工处理，并产生相应的结果。Multisim 10 仪器仪表栏中的虚拟仪器如图 5 - 4 所示，从左至右分别是数字万用表(Multimeter)、失真分析仪 (Distortion Analyzer)、函数信号发生器(Function Generator)、功率表(Wattmeter)、双通道示波器(Oscilloscope)、频率计(Frequency Counter)、安捷伦函数发生器(Agilent Function Generator)、四通道示波器(Four-channel Oscilloscope)、波特图示仪(Bode Plotter)、IV 分析仪(IV Analyzer)、字信号发生器(Word Generator)、逻辑转换仪(Logic Converter)、逻辑分析仪(Logic Analyzer)、安捷伦示波器(Agilent Oscilloscope)、安捷伦万用表(Agilent Multimeter)、频谱分析仪(Spectrum Analyzer)、网络分析仪(Network Analyzer)、泰克示波器(Tektronix Oscilloscope)、电流探针(Current Probe)、LabVIEW 仪器(LabVIEW Insturment)、测量探针(Measurement Probe)。

图 5 - 4　仪器仪表栏

使用虚拟仪器时，只需在仪器仪表栏单击仪器图标，按要求将其接至电路测试点，然后双击该图标，就可以打开仪器面板进行设置和测试。在将虚拟仪器接入电路并启动仿真

开关后，若改变其在电路中的接入点，则显示的数据和波形也发生相应改变，而不必重新启动电路，而波特图示仪和数字仪器则应重新启动电路。以下是几种常用的仪器。

1. 数字万用表

Multisim 10 提供的万用表外观和操作与实际的万用表相似，可以测电流、电压、电阻和分贝值，测直流或交流信号。万用表有正极和负极两个引线端，如图 5-5 所示。

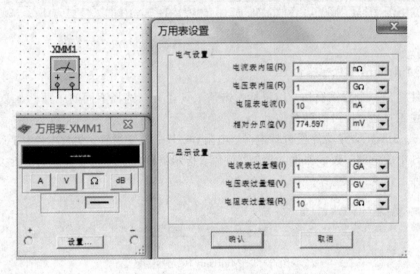

图 5-5　数字万用表

2. 函数信号发生器

Multisim 10 提供的函数信号发生器可以产生正弦波、三角波和矩形波，信号频率可在 1 Hz～999 MHz 范围内调整。信号的幅值以及占空比等参数也可以根据需要进行调节。函数信号发生器有三个引线端口：负极、正极和公共端，如图 5-6 所示。

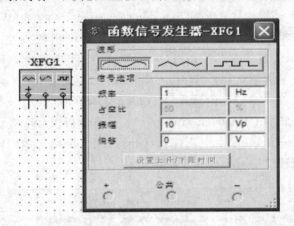

图 5-6　函数信号发生器

3. 功率表

Multisim 10 提供的功率表用来测量电路的交流或者直流功率，功率表有四个引线端口：电压正极和负极、电流正极和负极，如图 5-7 所示。

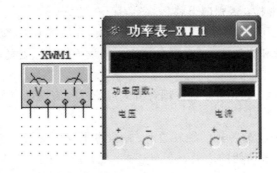

图 5-7　功率表

4. 双通道示波器

Multisim 10 提供的双通道示波器与实际的示波器外观和基本操作基本相同，该示波器可以用来观察一路或两路信号波形的形状，分析被测周期信号的幅值和频率，时间基准可在秒直至纳秒范围内调节。示波器图标有四个连接点：A 通道输入、B 通道输入、外触发端 T 和接地端 G，如图 5-8 所示。

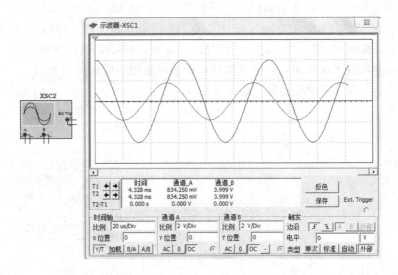

图 5-8　双通道示波器

示波器的控制面板分为四个部分：

1）时间基轴

比例：设置 X 轴每格代表的时间刻度。

X 位置：设置 X 轴的起始位置。

显示方式：Y/T 方式指的是 X 轴显示时间，Y 轴显示电压值；Add 方式指的是 X 轴显示时间，Y 轴显示 A 通道和 B 通道电压之和；A/B 或 B/A 方式指的是 X 轴和 Y 轴都显示电压值。

2）通道 A

比例：设置通道 A 的 Y 轴每格代表的电压刻度。

Y 位置：设置 Y 轴的起始点位置，起始点为 0，表明 Y 轴和 X 轴重合；起始点为正值表明 Y 轴原点位置向上移，否则向下移。

触发耦合方式：AC(交流耦合)、0(0 耦合)或 DC(直流耦合)。交流耦合只显示交流分量；直流耦合显示直流和交流之和；0 耦合，在 Y 轴设置的原点处显示一条直线。

3）通道 B

通道 B 的 Y 轴比例、起始点、触发耦合方式等项内容的设置与通道 A 相同。

4）触发

触发方式主要用来设置 X 轴的触发边沿、触发电平及触发信号等。

边沿：设置被测信号开始的边沿，设置先显示上升沿或下降沿。

电平：设置触发信号的电平，使触发信号在某一电平时启动扫描。

类型：选择触发信号类型，包括单脉冲触发(单次)、一般脉冲触发(标准)、自动触发(自动)、用通道 A 或通道 B 的输入信号触发(A、B)，由外部输入的触发信号触发。

5. 波特图示仪

利用波特图示仪可以方便地测量和显示电路的频率响应，波特图示仪适合于分析滤波电路或电路的频率特性，特别易于观察截止频率。波特图示仪需要连接两路信号，一路是电路输入信号，另一路是电路输出信号，需要在电路的输入端接交流信号。

波特图示仪控制面板分为 Magnitude(幅值)或 Phase(相位)的选择、Horizontal(横轴)设置、Vertical(纵轴)设置、显示方式的其他控制信号，面板中的 F 指的是终值，I 指的是初值。在波特图示仪的面板上，可以直接设置横轴和纵轴的坐标及其参数。

例如：构造一阶 RC 滤波电路，输入端加入正弦波信号发生器，电路输出端与示波器相连，目的是为了观察不同频率的输入信号经过 RC 滤波电路后输出信号的变化情况，如图 5-9 所示。

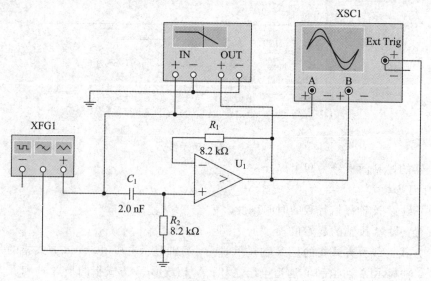

图 5-9 RC 滤波电路

调整纵轴幅值测试范围的初值 I 和终值 F，调整相频特性纵轴相位范围的初值 I 和终值 F。

打开仿真开关，点击幅频特性，在波特图观察窗口可以看到幅频特性曲线（见图5-10）；点击相频特性，在波特图观察窗口可以显示相频特性曲线（见图 5-11）。

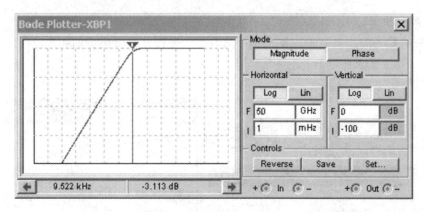

图 5 − 10 幅频特性曲线

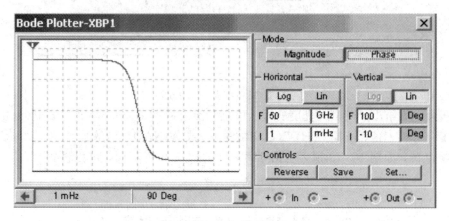

图 5 − 11 相频特性曲线

6. IV 分析仪

IV 分析仪专门用来分析晶体管的伏-安特性曲线，如二极管、NPN 管、PNP 管、NMOS 管、PMOS 管等器件。IV 分析仪相当于实验室的晶体管图示仪，需要将晶体管与连接电路完全断开，才能进行 IV 分析仪的连接和测试。如图 5 − 12 所示，IV 分析仪有三个连接点，实现与晶体管的连接。IV 分析仪面板左侧是伏-安特性曲线显示窗口；右侧是功能设置界面。

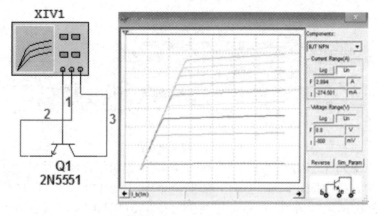

图 5 − 12 晶体管特性曲线

7. 失真分析仪

失真分析仪专门用来测量电路的信号失真度，失真分析仪提供的频率范围为 20 Hz～100 kHz，如图 5-13 所示。

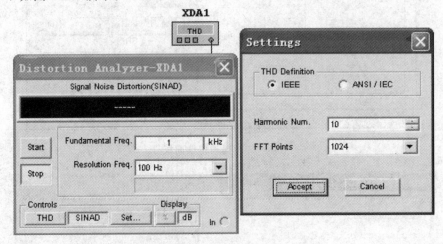

图 5-13　失真度的测试

面板最上方给出了测量失真度的提示信息和测量值。"Fundamental Freq"（分析频率）用于设置分析频率值；选择"THD"（总谐波失真）或"SINAD"（信噪比），单击"Set"按钮，打开设置窗口，如图 5-13 所示。由于 THD 的定义有所不同，可以设置 THD 的分析选项。

5.2　Multisim 10 电路仿真实例

下面将对一个 LED 手电电路进行仿真，验证其正确性。电路的设计过程请参见 5.3 节。

一、电路的创建与仿真

（1）启动 Multisim 10：选择"开始"→"程序"→"National Instruments"→"Circuit Design suite 10.0"→"Multisim"，单击运行。

（2）建立文件：打开 Multisim 10 软件，选择"File"→"New"→"Schematic Capture"（见图 5-14），建立一个新的空白文件。

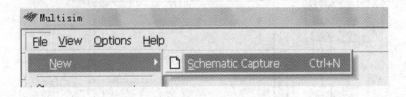

图 5-14　建立新文件

（3）放置电源元件：选择"Place"→"Component"，弹出元件库对话框（见图 5-15），在"Database"栏中选择"Master Database"，在"Group"栏中选择"Source"，在"Family"栏中选择"POWER_SOURCE"，在"Component"栏中选择"GROUND"，然后点击"OK"，鼠标处

就会出现一个电源地的符号。在空白处单击鼠标左键，电源地就放到了文件中（见图 5-16）。按照前面的步骤再放上电源（DC_POWER）。

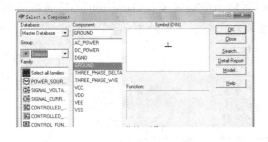

图 5-15　打开元件库　　　　　　　图 5-16　选择并放置"电源"和"电源地"

（4）修改电源属性：双击刚才的电源元件符号，弹出"DC_POWER"的属性对话框（见图 5-17），选中"Value"选项卡，将其中的"Voltage"值改为 1.2 V，点击"OK"按钮确定。本次操作后，电源电压将变为 1.2 V。

（5）放置电阻元件：选择"Place"→"Component"，弹出元件库对话框（见图 5-18），在"Group"栏中选择"Basic"，在"Family"栏中选择"RESISTOR"，在"Component"栏中选择需要的电阻，按照放置电源的方法将几个电阻全部放到文件中。

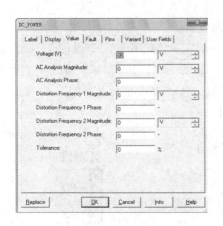

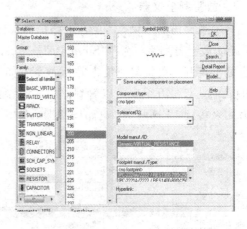

图 5-17　修改电源属性　　　　　　　图 5-18　放置电阻元件

（6）改变电阻参数：双击电阻元件，出现其属性对话框。实验者可在"Label"选项卡的"RefDes"和"Label"中改变电阻的名字；在"Value"选项卡中，"Resistance"用于设置电阻的阻值，"Tolerance"用于设置电阻的允许误差，"Additional SPICE Simulation Parameters"用于设置电阻仿真时的温度系数等参数，"Layout Settings"中的"Edit Footprint…"用于设置元件在做 PCB 板时的封装形式。

（7）放置其他元件：放置其他元件的方法与放置电阻元件的方法类似，只是在"Family"中选择电容元件"CAPACITOR"、二极管为"DIODE"或"LED"（根据需要）、三极管为"PNP"或"NPN"（根据需要）、开关为"Switch"，在此不再一一列举。

（8）连线：将鼠标移动到待连元件的一端端点，此时鼠标变为一个带"刺"圆点，单击鼠标，然后拖动鼠标，出现弹性线，当到另一个元件的一个端点时又出现一个带"刺"圆点，此时再单击鼠标，完成连线。

删除连线：用鼠标单击选中某条线（当线上出现许多小方点时表示选中了该线），按键盘上的"DELETE"键直接删除连线。

放置节点：有时候，需要连接两根线，可以在线上先放置节点（Junction），然后将节点相连。放置方法：选择"Place"→"Junction"，然后在需要放置的地方单击。

按照这些方法，将电路连接好，如图 5-19 所示。

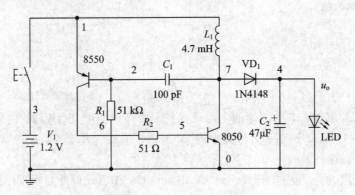

图 5-19　实验电路图

9. 放置测量仪器

为了观察仿真结果，需要在电路中加入仿真测量仪器：

（1）放置万用表。选择"Simulate"→"Instruments"→"Multimeter"（见图 5-20），鼠标光标处出现万用表符号，单击左键放置，如图 5-21 所示的"XMM1"。将万用表并联到 LED 两端，双击万用表可以看到万用表的参数设置。选择直流电压挡，如图 5-22 所示。将万用表接到 LED 两端，电路图如图 5-23 所示。

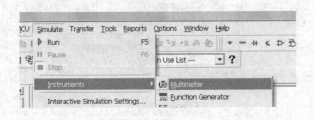

图 5-20　打开仪器库并选择"万用表"　　　　　　图 5-21　放置"万用表"

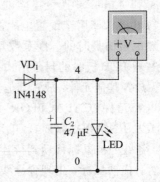

图 5-22　设置万用表为"直流电压挡"　　　　图 5-23　将万用表接到 LED 两端

（2）放置示波器。选择"Simulate"→"Instruments"→"Oscilloscope"（见图 5－24），鼠标光标处出现示波器符号，单击左键放置，如图 5－25 所示。示波器上有 A、B 两个通道，每个通道有"＋"、"－"两个接线柱，分别接信号的正、负输入。另外一对接线柱是外部触发信号输入端口。将示波器的 A 通道"＋"连接到电路中电感和 8050 三极管的连接点，"－"连接到地，以测量电路的电压振荡波形（见图 5－26）。双击示波器，显示示波器的设置与观察窗口（见图 5－27）。

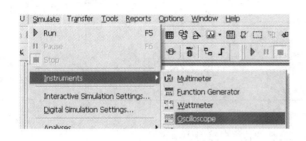

图 5－24　打开仪器库并选择"示波器"

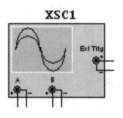

图 5－25　放置"示波器"

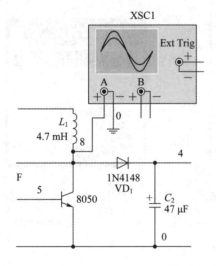

图 5－26　设置示波器接线

图 5－27　调出示波器设置与观察窗口

10. 仿真

当所有的元件和仪器都连接设置好以后，就可以进行仿真了。连接好的电路图如图 5－28 所示（其中 XXM2 应当设置为直流电流表）。选择"Simulate"→"Run"（或者按"F5"）就可以进行仿真了。这个时候双击万用表（见图 5－30）或者示波器（见图 5－29）就可以看到相应的参数。

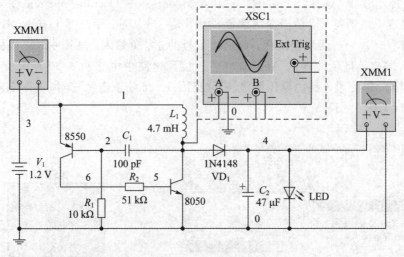

图 5 - 28   完整的仿真电路图

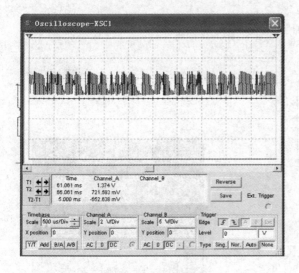

图 5 - 29   示波器波形

图 5 - 30   万用表测量参数

11. 记录实验结果

将电路中的部分元件(如分别将电阻 R_2 改为 200 Ω,电容 C_1 改为 1000 pF,电感 L_1 改为 1 mH)的大小进行调整,观察示波器的波形和万用表的输出电压有什么变化,并将以上的结果(电压、波形等)记录下来,表格自拟。

二、PCB 图的生成步骤

(1) 选择元件封装。在电路中选择一个元件双击(如 8550 三极管),出现如图 5 - 31 所示的对话框。在"VALUE"选项卡中,如果"Footprint"选项设置有封装,可以不管。如果没有封装或者想改变封装形式,可以点下面的"Edit Footprint",出现如图 5 - 32 所示的对话框,选择"Select From Database",在出现的对话框中选择对应的封装,在下方会出现相应的封装预览,如图 5 - 33 所示。选好后点"Select"确定。

图 5-31　设置元件封装

图 5-32　编辑封装形式

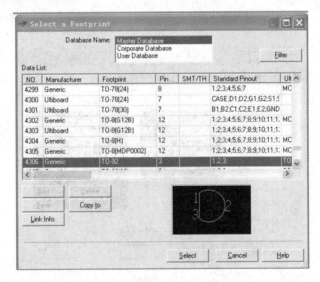

图 5-33　封装预览

　　(2) 导入文件到 Ultiboard。从 Multisim 10 软件的"Transfer"菜单中选择"Transfer To Ultiboard 10"(见图 5-34),此时会启动 Ultiboard 10。启动时,系统会提示实验者选择布线宽度,可以选择 30 mil。启动后的界面如图 5-35 所示。图中带有绿色线条的部分为元件。

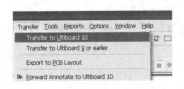

图 5-34　导入文件到 Ultiboard

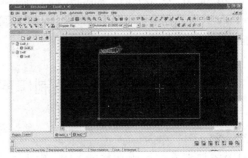

图 5-35　Ultiboard 启动界面

（3）将元件排列好位置。元件排好位置的效果如图 5-36 所示，然后选择"Autoroute"→"Start/Resume Autoroute"，布好线后的 PCB 图如图 5-37 所示。如果需要修改焊盘，可以右击某个焊盘，在弹出的菜单中选择"Properties"，然后在弹出的对话框中选择"Pad"选项卡，调整其大小、孔径等，如图 5-38 所示。

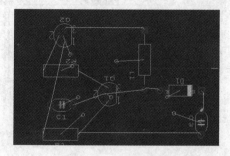

图 5-36　元件排列图

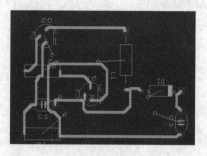

图 5-37　布好线后的 PCB 图

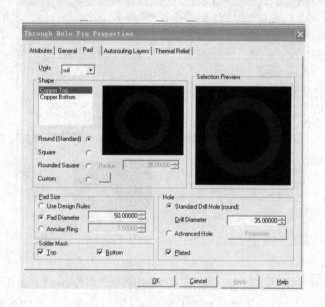

图 5-38　修改焊盘

（4）打印。选择"File"→"Print"，在弹出的对话框中，"Zoom Option"选择 100%，将"Available layer"列表中的"Copper top"和"Copper bottom"通过中间的箭头符号移动到"Layer To Print"列表中，然后选择"Print"，就可以打印电路图了。注意，打印机的纸张要用热转印纸。

5.3　电子设计仿真制作实例：LED 手电设计制作

一、设计任务

目前市场上有许多用高亮度 LED（发光二极管）做成的手电，具有亮度高、功耗小、携带方便等优点。请你利用 1.2 V 干电池和高亮度 LED 加部分元件制作一个 LED 小手电。

二、设计要求

(1) 采用尽可能少的元件使成本最低。

(2) 尽可能减小电路的体积，使其携带方便。

三、任务分析

高亮发光二极管的额定电压为 3～3.5 V，电流为 20～50 mA，1.2 V 的干电池是无法直接驱动高亮 LED 的，必须将 1.2 V 的电压升高到 3～4 V。因此，升压电路是本设计的核心。

四、设计思路

要将较低的直流电压升高，一般采用的方法是先将直流电压转变成幅度较高的交流电压，然后再对交流电压进行整流得到升高的直流电压，如图 5-39 所示。这个过程中，难度最大的是将 1.2 V 的直流电压变换成交流电压，整流部分比较简单。

图 5-39　直流升压结构框图

五、设计方案

1. 方案提出

经过查阅资料(可以在书上、网络上进行资源搜索，多参考一些成熟的电路设计方案)，直流变换成交流一般有两种方式：自激式和它激式(参见《模拟电子技术基础》一书)。自激式的优点是电路简单，成本低，缺点是负载能力较差，一般只适用于负载相对固定的场合；它激式的优点是输出电压稳定，缺点是电路复杂。由于本设计注重的是成本低廉以及电路体积小，并且电路的负载是固定的，所以采用自激式就可以满足要求。

方案一：利用两个反向放大器组成自激振荡电路。

基本原理：如图 5-40 所示，在电路接通的时候，电路中 L_1 支路电流为 0，8550 三极管处于微导通状态(其基极电压为 0，电流也趋近 0)，其集电极就有一定的电压，这个电压加在 8050 三极管的基极，使得 L_1 支路的电流增大；L_1 支路电流的增大导致 8050 三极管

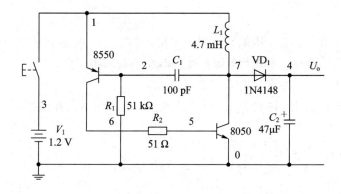

图 5-40　两个反向放大器组成的自激振荡电路

集电极电压减小，这个减小由 C_1 耦合到 8550 三极管基极，使得 8550 三极管进一步导通，从而使 8050 三极管基极电压更大，又导致通过 L_1 的电流更大。当 8050 三极管饱和时，通过 L_1 的电流不再变化，L_1 上就感应出相反的电压（下正上负），这个电压通过 C_1 耦合到 8550 三极管的基极，使得 8550 的集电极电压降低，从而使得 8050 基极的电压降低，通过 L_1 的电流更小。如此，8050 三极管和 8550 三极管最后都截止。当两管截止后，通过 L_1 的电流为 0，然后 8550 三极管又开始导通，从而引起 8050 三极管的导通，如此循环，最终在 L_1 上输出交流电压。这个电压经过 VD_1 整流和 C_2 滤波后，最后输出电压 U_o。

方案二：利用变压器加一个反向放大器组成自激振荡电路。

基本原理：如图 5-41 所示，在电路接通的瞬间，由于变压器（电感）的作用，电路中电流为 0，随着时间变化，当电路中有微小的电流 i 通过三极管基极，三极管集电极和发射极间就有放大了的电流 βi 流过，从而变压器初级线圈就有电流 βi 通过，使得次级线圈中感应出更大的电流加在三极管基极，三极管基极电流的增大使得初级线圈中的的电流更大。由此，当三极管的电流趋于饱和时，基极电流的增大不再使集电极和发射极间的电流明显增大，使得初级线圈电流不再明显变化，从而次级线圈中的感生电流减小，三极管基极电流也减小，基极电流的减小使得三极管发射极和集电极之间的电流进一步减小，这个电流的减小使得变压器初级线圈的电流减小，从而引起次级线圈电流进一步减小。由此，最终导致三极管截止（相当于三极管处断开）。电路按以上方式不停振荡，从而将直流电压转变成交流电。这个电压经过 VD_1 整流和 C_2 滤波，最后输出电压 U_o。

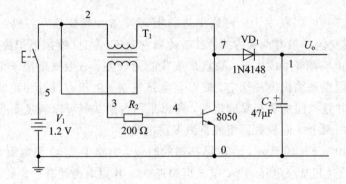

图 5-41　变压器加一个反向放大器组成的自激振荡电路

2. 方案比较

从电路结构上看：方案一中的元件要比方案二多一些，电路也复杂一些；方案二的电路简单，但自制变压器有一定难度，而且变压器的个头也比较大；

从电路效率上来看：方案二的效率要高于方案一。

从以上分析可以看出，两种方案各有优、缺点。为了演示设计过程（仿真、布线等），我们选择方案一。

六、电路设计

1. 电路原理图

电路原理图如图 5-42 所示。

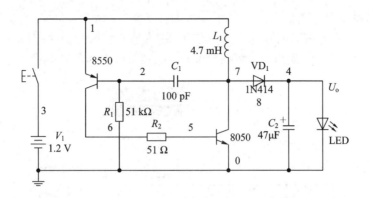

图 5-42 电路原理图

2. 器件以及参数选择

三极管：PNP 管可以选择 8550 管、9015 管等；NPN 管可以选择 8050 管、9013 管等。

二极管：VD_1 选择 1N4148，LED 选择高亮白色发光二极管。

电容：C_1 为 100～1000 pF 的无极性电容；C_2 为 10～100 μF 的电解电容，耐压最好在 16 V 以上，材料最好选钽（如果没有，可以用铝电解电容）。

电感：可以选用色码电感，取值在几百微亨到几亨。

电阻：R_1、R_2 的阻值可以稍作调整。

七、电路仿真

1. 基本仿真

将上面的电路图输入 Multisim 10 软件中，对其进行仿真（仿真步骤见 5.2 节），检查是否能将电压升高。图 5-43 是仿真结果。可以看到，电压最后能达到 41.6 V（空载，不接 LED）。由此可见，方案是可行的。

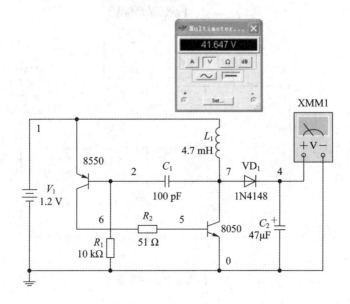

图 5-43 电感为 4.7 mH 时的空载输出电压

2. 参数调整

考虑到电感大了一些，色码电感不一定有。现在将电感改为 $100~\mu H$，可以看到输出电压为 44.6 V，如图 5 – 44 所示，方案仍然可行。电感可以选择色码电感。

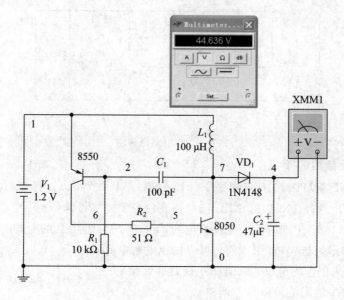

图 5 – 44　电感为 $10~\mu H$ 时的空载输出电压

3. 加入负载

前面都是空载，现在为了更接近实际，将输出接上 LED。经过仿真可看到，LED 可以发亮，且电压在 1.66 V，如图 5 – 45 所示。

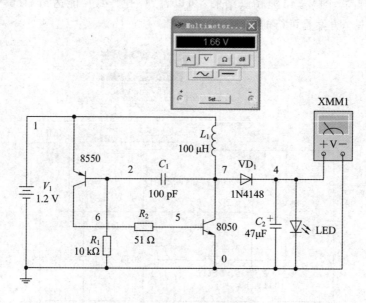

图 5 – 45　加入负载后的负载电压

八、制作电路板

1. 生成 PCB 图

验证电路后，需要将电路生成印制电路板(PCB)图。Multisim 10 有生成 PCB 的功能，其软件是 Ultiboard。对于比较简单的图，它可以直接将原理图转换成 PCB 图，不需要太多的人工干预。如果电路比较复杂，最好采用 Protel 或者其他软件。本电路十分简单，可以直接生成 PCB 图(见 5.2 节)。

2. 转印

找一块敷铜电路板，将上面带有电路图的转印纸贴在敷铜电路板上，用电熨斗烫转印纸一分钟左右(根据实际情况而定)。撕下转印纸，电路图就转印到了电路板上了。

3. 腐蚀、钻孔、焊接

将清水、盐酸、双氧水按照一定的比例(2∶1∶2)混合，将上面的电路板放入腐蚀液中，注意观察电路板，当没有油墨的地方的铜被腐蚀完时，取出电路板，用砂纸将油墨打干净，就得到了电路板，然后进行钻孔和焊接。

4. 检查

电路板焊接完成后，检查电路板是否有问题。检查项目包括短路、断路、虚焊、元件的极性是否接反等。检查方法有两种：

(1) 断电检查。对照电路图，利用万用表电阻挡反复检查电路中各个连接点，看有没有短路或者断路。注意，一定要先测量电源和地之间的电阻，看是否非常小。如果和理论不符合，则要反复检查，找出问题所在。

(2) 通电观察。在断电检查之后，通电后不要急于测量电气指标，而要观察电路有无异常现象，例如有无冒烟现象、有无异常气味、手摸集成电路外封装是否发烫等。如果出现异常现象，应立即关断电源，待排除故障后再通电。

九、调试

调试一般分静态调试和动态调试。

(1) 静态调试。静态调试一般是指在不加输入信号，或只加固定的电平信号的条件下所进行的直流测试，可用万用表测出电路中各点的电位，通过和理论估算值比较，结合电路原理的分析，判断电路直流工作状态是否正常，及时发现电路中已损坏或处于临界工作状态的元器件。通过更换器件或调整电路参数，使电路直流工作状态符合设计要求。

(2) 动态调试。动态调试是在静态调试的基础上进行的，在电路的输入端加入合适的信号，按信号的流向，顺序检测各测试点的输出信号，若发现不正常现象，应分析其原因，并排除故障，再进行调试，直到满足要求。

十、参数测量

电路板调试完成以后，可以看到 LED 灯发光。此时按照前面的任务要求进行电压、电流、功率和效率等参数的测量，并和理论值、仿真值进行比较。以评价是否达到设计要求。

1. 输出电压测量

空载输出电压：断开 LED，用万用表直流挡位直接测量电压，得到 48 V。

有载(LED)输出电压：接上 LED，用万用表测量，得到 1.9 V。

2. 输出电流

电路总电流：将万用表调到电流毫安挡，然后串入电池的正极和 8550 三极管的射极之间，测得电流为 250 mA。

负载电流：将万用表和 LED 串联在一起，测得电流为 20 mA。

3. 功率

功率为输出电压乘以输出电流（略）。

4. 效率

效率为输出负载的功率与总功率之比（略）。

十一、包装

为了使电路更像"手电"，可以对电路板的形状进行设计（可以考虑使用贴片元件），然后装上外壳，使其看起来更加美观。这部分可根据自己的情况完成。以下是一个例子（方案二），如图 5-46、图 5-47 所示。

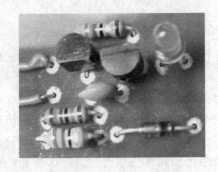　　　　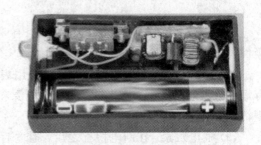

图 5-46　电路实物图一　　　　　　　　图 5-47　电路实物图二

十二、书写报告

做完设计后，需要写设计报告，格式参照以上一至十的过程。

5.4　电子设计仿真制作参考题目

题目一　简易充电器

一、项目的任务

(1) 查阅相关资料，提出整体设计方案。

(2) 根据设计方案，设计具体单元电路，并验证其可行性。

(3) 制作、调试电路，并测试性能指标。

二、项目的功能与性能指标的要求

(1) 功能：能够给 2～4 节电池充电。

(2) 性能：充电电流为 50～200 mA，有充满自动断电功能，采用市电直接供电。

（3）对电路板进行包装，确保安全可靠。

题目二　2～12 V 连续可调稳压电源

一、项目的任务

（1）查阅稳压、稳流电源的相关资料，提出至少两个整体设计方案。

（2）确定一套设计方案，设计具体单元电路，并验证其可靠性。

（3）制作并调试电路，测试性能指标。

二、项目的功能与性能指标的要求

（1）功能：稳压。

（2）性能指标的要求：

① 在输入电压 220 V、50 Hz、电压变化范围为 15%～—20% 的条件下，输出电压可调范围为 2 V～12 V。

② 最大输出电流为 1 A。

③ 具有过流及短路保护功能。

题目三　简易无线话筒

一、项目的任务

（1）查阅稳压、稳流电源的相关资料，提出至少两个整体设计方案。

（2）确定一套设计方案，设计具体单元电路，并验证其可靠性。

（3）制作并调试电路，测试性能指标。

二、项目的功能与性能指标的要求

（1）功能：通过 80～108 MHz 频段将语音发射出去，用收音机接收。

（2）性能指标的要求：

① 工作电压：3～6 V。

② 发射距离：>10 m。

附　　录

附录一　验证性实验报告编写要求

实验名称　动态电路

一、实验目的

(1) ×××××；

(2) ×××××。

……

二、实验仪器

示波器　　　　　　　　　　　　一台

×××××　　　　　　　　　　　××

……

三、实验原理

要求用自己的语言来叙述实验原理，可结合作图来说明，表达尽量简练。

四、实验步骤

按照自己在实验操作时的步骤来书写，严禁将指导书上的步骤一字不漏地抄下来；没有做的内容不写。

(1) 将信号发生器调到 3 kHz，××××××；

(2) ××××××；

……

五、实验数据

以表格的形式重新整理列出，不要直接放实验数据纸，实验数据纸附实验报告最后。正确的书写格式见附表 1(模板)。

附表 1　实验测得的频率——电压值

频率/kHz			
电压/mV			

……

六、误差分析

（1）理论值（根据电路理论计算得到的）。

由×××电路，根据×××公式计算：

×××××

（2）比较并计算误差，填入附表 2 中。

附表 2 数 据 记 录

频率/kHz				
$U_{理}$/mV				
实测电压/mV				
绝对误差/mV				
相对误差				

注意：如果画图，一定要对图进行详细标注！尽量要进行说明，例如，直流电路实验的图，如附图 1 所示。

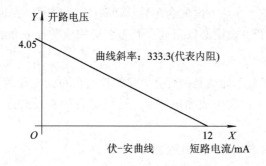

附图 1 直流电路实验图

（3）分析产生误差的原因。

由表可以看到，第二个测量值误差太大，达到 20%。

经过分析，主要原因是：

（1）××××××；

（2）××××××。

七、思考题解答

××××××××××……

八、实验总结

实验中碰到的问题，如何解决的，最后的收获等。

例如：从本次实验结果可以看到，本次实验较好地验证了×××定理的正确性……

附录二　设计性实验报告编写要求

实验课题：××××

一、已知条件

××××××。

二、主要技术指标

××××××。

三、实验仪器

（以上一般是实验给出的，但要求实验者充分理解，复习好有关的理论知识，查阅有关元器件手册及仪器的性能与使用方法。）

四、方案论证（这部分可以参照第 5 章的内容）

（至少提出两套方案，并从方案的合理性、可靠性、经济性、先进性，可行性进行比较，最后确定一个完整的框图，框图必须正确反映系统应完成的任务和各组成部分的功能。）

五、电路的设计

（根据框图，确定好各单元电路的任务，详细拟定出单元电路的性能指标、与前后级之间的关系。具体设计时可以模仿成熟电路，也可以进行创新或改进。根据电路原理，确定电路图中各元件的数值。）

六、实验步骤（这部分可以参照第 5 章的内容）

（1）明确主要技术指标的测量电路图，以及确定好测量方法。

（2）将待测参数列成表格，以便实验时填写。

（3）将计算公式列出，以便更快得出实验的结果。

（以上各项应在实验前的预习报告里写明。）

七、电路的装调

（简单写明装配和调试过程。）

八、技术指标测试

（按实验要求测试主要技术指标。）

九、误差分析

（1）理论值（根据电路理论计算得到的）。

（2）实验测得值。

（3）比较并计算误差（以上最好以实验表格、图等形式给出）。

（4）分析产生误差的原因。

十、实验分析与研究

（结合方案论证进行分析与研究。）

十一、思考题解答

××××××。

十二、实验总结

（实验的收获、体会和经验与教训。）

参 考 文 献

［1］　黄品高. 电路分析基础实验·设计·仿真. 成都：电子科技大学出版社，2008.

［2］　金波. 电路分析实验教程. 西安：西安电子科技大学出版社，2008.

［3］　孙肖子. 现代电子线路和技术实验简明教程. 2 版. 北京：高等教育出版社，2009.

［4］　(美)CHARLES K A, MATTHEW NOS. 电路基础. 3 版. 管欣，等，译. 北京：人民邮电出版社，2009.

［5］　(美)JAMES W N, SUSAN A R. 电路. 9 版. 周玉坤，等，译. 北京：电子工业出版社，2012.

［6］　德州仪器高性能模拟器件高校应用指南：信号链与电源 ，2014.

［7］　李淑明. 模拟电子电路实验·设计·仿真. 成都：电子科技大学出版社，2010.

［8］　卢钦民. 电子电路实验方法. 北京：高等教育出版社，1991.

［9］　熊发明. 新编电子电路与信号课程实验指导. 北京：国防工业出版社，2005.

［10］　王昊. 通用电子元器件的选用与检测. 北京：电子工业出版社，2006.

［11］　张咏梅. 电子测量与电子电路实验. 北京：北京邮电大学出版社，2000.

［12］　梁宗善. 电子技术基础课程设计. 武汉：华中理工大学出版社，1994.

［13］　王港元. 电子技能基础. 成都：四川大学出版社，2001.

［14］　钱培怡. 电子电路实验与课程设计. 北京：地震出版社，2002.

［15］　周仲. 常用电子元器件测量. 上海：上海科技文献出版社，1986.

［16］　王绍华. 贴片元件的识别方法. 家电维修，2003(1)：55－56.